现代农业与技术推广研究

王德高　姜　雪　王炳琴　著

吉林科学技术出版社

图书在版编目（CIP）数据

现代农业与技术推广研究 / 王德高，姜雪，王炳琴著. — 长春 : 吉林科学技术出版社，2024. 6. — ISBN 978-7-5744-1431-0

Ⅰ. S3-33

中国国家版本馆 CIP 数据核字第 2024YN8434 号

现代农业与技术推广研究

著 王德高 姜 雪 王炳琴
出版人 宛 霞
责任编辑 靳雅帅
封面设计 树人教育
制 版 树人教育
幅面尺寸 185mm×260mm
开 本 16
字 数 270 千字
印 张 12.125
印 数 1~1500 册
版 次 2024 年 6 月第 1 版
印 次 2024 年10月第 1次印刷

出 版 吉林科学技术出版社
发 行 吉林科学技术出版社
地 址 长春市福祉大路5788 号出版大厦A 座
邮 编 130118
发行部电话/传真 0431-81629529 81629530 81629531
81629532 81629533 81629534
储运部电话 0431-86059116
编辑部电话 0431-81629510
印 刷 廊坊市印艺阁数字科技有限公司

书 号 ISBN 978-7-5744-1431-0
定 价 75.00元

前　言

农民是现代农业发展的主体，农民职业化是农业基本现代化的重要标志。培育新型职业农民是现代农业的基础性战略工程。目前，在农业农村部的指导下，全国各地陆续启动实施了新型职业农民培训，力争培养更多爱农业、懂技术、善经营的高素质新型职业农民，使其成为农业转型升级的新生力量，引领现代农业的发展方向。这套新型职业农民培训教材由经验丰富的教师共同编写，以培训需求为依据来推动培训工作的有效开展，提高培训质量。

从世界各国农业推广发展的历史来看，农业推广的含义是随着时间、空间的变化而演变的。在不同的社会历史条件下，农业推广是为了不同目标，采取不同方式来组织进行的，因此，不同的历史时期其含义也不尽相同。随着社会经济由低级向高级发展，农业推广工作由单纯的生产技术型逐渐向教育型和现代型扩展。

农业教育、农业研究、农业推广是构成农业发展的三种要素。没有发达的农业推广，便没有现代化的农业、繁荣的农村和富裕的农民。要全面建设小康，构建和谐社会，建设社会主义新农村和实现有中国特色的农业现代化，就必须将科学技术这种潜在的生产力转变为农业生产中的现实生产力，农业推广正是这种转变的桥梁和纽带。在知识和信息日新月异、科学技术迅速发展的现代社会，研究和加强农业推广，满足农民的多种需要，主动为市场经济服务，显然是十分重要的。只有了解和研究农业推广理论、推广的方式方法、推广体制、推广计划和组织、推广教育、推广队伍和推广评价等方面的相关知识和问题．培养具有推广能力的农业技术人才，才能显著提高农业推广效率，促进农业科技成果从潜在的生产力迅速转化为现实的生产力，实现我国农业从传统农业向现代化农业的转变，使我国农业能够向高产、优质、高效、稳定、持续的方向发展。

由于编者水平有限，书中存在不足之处，敬请广大读者批评指正。

目　录

第一章 现代农业概述

第一节 现代农业的内涵

一、现代农业的概念

现代农业是一个动态的概念和历史的概念，它不是一个抽象的事物，而是一个具体的事物，是农业发展史上的一个重要阶段。现代农业相对于传统农业而言，是广泛应用现代科学技术、现代工业提供的生产资料和科学管理方法进行的社会化农业。根据农业生产力性质和水平划分的农业发展史上，现代农业属于农业的最新阶段。

现代农业是指运用现代的科学技术和生产管理方法，对农业进行规模化、集约化、市场化和农场化的生产活动。现代农业是以市场经济为导向，以利益机制为联结，以企业发展为龙头的农业，是实行企业化管理，产销一体化经营的农业。

二、现代农业的特征

现代农业具有以下基本特征：

（1）具备较高的综合生产率，包括较高的土地产出率和劳动生产率。农业成为一个具有较高经济效益和市场竞争力的产业，这是衡量现代农业发展水平的最重要标志。

（2）农业成为可持续发展产业。农业发展本身是可持续的，同时具有良好的区域生态环境。广泛采用生态农业、有机农业、绿色农业等生产技术和生产模式，实现淡水、土地等农业资源的可持续利用，实现区域生态的良性循环，农业本身成为一个良好的可循环生态系统。

（3）农业成为高度商业化的产业。农业主要为市场而生产，具有很高的商品率，通过市场机制来配置资源。商业化是以市场体系为基础的，现代农业要求建立非常完善的市场体系，包括农产品现代流通体系。没有发达的市场体系，就不可能有真正的现代农业。农业现代化水平较高的国家，农产品商品率一般都在90%以上，有的产业商品率可达到100%。

（4）实现农业生产物质条件的现代化。现代农业以比较完善的生产条件、基础设施和现代化的物质装备为基础，集约化、高效率地使用各种现代生产投入要素，包括水、电力、农膜、肥料、农药、良种、农业机械等物资投入和农业劳动力投入，从而达到提高农业生产率的效果。

（5）实现农业科学技术的现代化。现代农业广泛采用先进适用的农业科学技术、生物技术和生产模式，改善农产品的品质、降低生产成本，以适应市场对农产品需求优质化、多样化、标准化的发展趋势。现代农业的发展过程，实质上是先进科学技术在农业领域广泛应用的过程，是用现代科技改造传统农业的过程。

（6）实现管理方式的现代化。现代农业广泛采用先进的经营方式、管理技术和管理方式，从农业生产的产前、产中、产后形成比较完整的紧密联系、有机衔接的产业链条，具有很高的组织化程度。有相对稳定、高效的农产品销售和加工转化渠道，有高效率地把分散的农民组织起来的组织体系，有高效率的现代农业管理体系。

（7）实现农民素质的现代化。现代农业具有较高素质的农业经营管理人才和劳动力，是建设现代农业的前提条件，也是现代农业的突出特征。

（8）实现生产的规模化、专业化、区域化。现代农业通过实现农业生产经营的规模化、专业化、区域化，降低公共成本和外部成本，提高农业的效益和竞争力。

（9）建立与现代农业相适应的政府宏观调控机制。现代农业应建立完善的农业支持保护体系，包括法律体系和政策体系。

总之，现代农业的产生和发展，大幅度地提高了农业劳动生产率、土地生产率和农产品商品率，使农业生产、农村面貌和农户行为发生了重大变化。

三、现代农业的类型

现代农业的划分由于外延的不确定性，划分标准有所不同。通常现代农业划分为以下几种类型。

（一）绿色农业

绿色农业是指将农业与环境协调起来，促进可持续发展，增加农户收入，保护环境，同时保证农产品安全性的农业。绿色农业是灵活利用生态环境的物质循环系统，实践农药安全管理技术、营养物综合管理技术、生物学技术和轮耕技术等，从而保护农业环境的一种整体性概念。绿色农业大体上分为有机农业和低投入农业。

（二）休闲农业

休闲农业是一种综合性的休闲农业区。游客不仅可以观光、采果、体验农作、了解农民生活、体验乡间情趣，而且可以住宿、度假、游乐。休闲农业的基本概念是利用农村的设备与空间、农业生产场地、农业自然环境、农业人文资源等，经过规划设计，以发挥农业与农村休闲旅游功能，提升旅游品质，并提高农民收入，促进农村发展的一种新型农业。

（三）工厂化农业

工厂化农业是设施农业的高级层次。工厂化农业综合运用现代高科技、新设备和管理方法而发展起来的一种全面机械化、自动化技术（资金）高度密集型生产，能够在人为创造的环境中进行全过程的连续作业，从而摆脱自然界的制约。

（四）特色农业

特色农业就是将区域内独特的农业资源（地理、气候、资源、产业基础），开发区域内特有的名优产品，转化为特色商品的现代农业。特色农业的“特色”在于其产品能够得到消费者的青睐和倾慕，在本地市场上具有不可替代的地位，在外地市场上具有绝对优势，在国际市场上具有相对优势甚至绝对优势。

（五）观光农业

观光农业又称为旅游农业或绿色旅游业，是一种以农业和农村为载体的新型生态旅游业。农民利用当地有利的自然条件开辟活动场所，提供设施。招揽游客，进而增加收入。旅游活动内容除了游览风景外，还有林间狩猎、水面垂钓、采摘果实等农事活动。有的国家以此作为农业综合发展的一项措施。

（六）立体农业

立体农业又称为层状农业。立体农业着重于开发利用垂直空间资源的一种农业形式。立体农业的模式是以立体农业定义为出发点，合理利用自然资源、生物资源和人类生产技能，实现由物种、层次、能量循环、物质转化和技术等要素组成的立体模式的优化。

（七）订单农业

订单农业又称为合同农业、契约农业，是近年来出现的一种新型农业生产经营模式。所谓订单农业，是指农户根据其本身或其所在的乡村组织与农产品购买者之间所签订的订单，组织安排农产品生产的一种农业产销模式。订单农业很好地适应了市场需要，避免了盲目生产。

第二节 现代农业的形成和发展

一、现代农业的形成

按农业生产力性质和水平划分的农业发展史，农业发展可以划分为原始农业、传统农业和现代农业三个阶段。其中，现代农业属于农业的最新阶段。

（一）原始农业

原始农业是从新石器时代到铁器工具出现以前的农业，经历了七八千年时间，总体上是自然状态下的农业。原始农业处于农业的萌芽时期，但人类已开始由顺应自然到积极地干预自然，由获取自然界现存食物到有目的地生产人类所需要的食物，尤其是开始了对野生动植物的驯化，实现了采集向种植业、狩猎向畜牧业的转变。原始农业以刀耕火种为基本生产方式，运用木与石等简单工具、火与水等生产方式在一定程度上得以应用。“饭稻羹鱼，或火耕而水耨。”耕作方式主要依靠撂荒自然恢复地力，农田在大部分时间仍为自然植被所控制，劳动者的技能来自有限的经验积累，生产基本上只有种和收两个环节（我国相传后稷“教民稼穑”，稼即是播种，穑即是收割），土地利用率和农业劳动生产率低下。生产力各要素处于自然状态，人类对农业生态系统的干预能力很小。

（二）传统农业

传统农业是从铁器工具的使用到工业化以前的农业，经历了2000多年时间，基本上是自给自足的农业。这一时期，人类在冶铁术和畜力使用的基础上发明了耕犁，大量采用畜力并开始采用半机械化生产工具，创造了利用人工施用有机肥提高土壤肥力的办法，发明了改善农作物和牲畜性状的技术，创立了间作、套种等轮作复种制度，劳动者越来越多地从自然科学及其研究成果中获得相应技能，运用和改造自然的能力有了进步。但这一阶段的农业“完全以农民世代使用的各种生产要素为基础”，生产要素在封闭的体系内流动配置，主要靠农业内部的能量和物质循环来维护平衡，生产方式基本上是维持简单再生产、长期缓慢发展甚至停滞的小农经济。

（三）现代农业

现代农业是从工业革命以来形成的农业，是逐步走向商品化、市场化的农业。这一阶段，农业在市场经济框架下，广泛运用现代工业成果和科技、资本等现代生产要素，农业从业人员不断减少，但农业劳动者具有较多的现代科技和经营管理知识，农业生产经营活动逐步专业化、集约化、规模化，农业劳动生产率得到大幅度提高。

二、现代农业的发展趋势

（一）由“平面式”向“立体式”发展

农业生产中巧用各类作物的“空间差”和“时间差”，进行交叉组合，综合搭配，构成多层次、多功能、多途径的高效生产系统。例如，华北平原“杨上粮下”种植模式。

（二）由“自然式”向“车间式”发展

现在多数农业依赖自然条件，俗称“靠天吃饭”。生产中农作物经常遭受自然灾害的袭击，受自然变化的干扰。未来农业生产多在“车间”中进行，由现代化设施来武装，如玻璃温室和日光温室、植物工厂、气候与灌溉自动测量装备等。在这些设施中进行无土栽培、组织培养等。现在已经有部分农作物由田间移到温室，再由温室转移到具有自控功能的环境室，这样农业就可以全年播种、全年收获。

（三）由“固定型”向“移动型”发展

在发达国家，出现了一种被称为移动农业的“手提箱农业和人行道农业”的农业经营方式，形成农民居住地与耕地相分离的格局。人分别在几个地方拥有土地，在耕作和收获季节往往都是在一处干完活，提上手提箱再到别处去干，以期最大限度地提高农具使用率而不误农时。手提箱农业和人行道农业基本上以栽培谷物类为主，谷物类作物一般不需要经常性的管理，就能够长得很好。再加上有便利的交通运输工具和优良的农业机械，促成了手提箱农业和人行道农业的发展。

（四）由“石油型”向“生态型”发展

生态农业工厂是根据生态系统内物质循环各能量转化规律建立起来的一个复合型生产结构。如匈牙利最大的生态农业工厂是一座玻璃屋顶的庞大建筑物，其地上的作物郁郁葱葱，收获的产品被送进车间加工，其废渣转入饲料车间加工后再送到周围的牛栏、羊舍、猪圈和鸡棚，畜禽粪便则倾入沼气池。这家工厂的全部动力，都来自沼气和太阳能。生态农业工厂可为10万城镇人口提供所需要的粮、禽、蛋、奶及蔬菜。

（五）由“粗放型”向“精细型”发展

精细农业又叫作数字农业或信息农业。精细农业就是指运用数字地球技术，包括各种分辨率的遥感、遥测技术、全球定位系统、计算机网络技术、地球信息技术等相结合的高新技术系统。近年来，精细农业的范围除了犁耕作业外，还包括精细园艺、精细养殖、精细加工、精细经营与管理，甚至包括农、林、牧、养、加、产、供销等全部领域。

（六）由“农场式”向“公园式”发展

农业将由单位经营第一产业到兼营第二产业和第三产业发展。农业将变为可供观光的公园，呈现出一派优美的自然风光，农产品布局美观合理且富有艺术观赏的价值，人们漫步其间，尽尝果品的美味，乐在其中，心旷神怡，类似如旅游农业等。

（七）由"机械化"向"自动化"发展

农业机械给农业注入了极大的活力，为农民带来了巨大的经济效益。农业机械大大节约了劳动力，促进了城市化进程，也促进了第二、第三产业的发展。随着计算机的发展和广泛应用，这些机械将进一步发展为自动化。发达的农户中约有 50% 拥有个人计算机，美国已有 10% 的农场主使用计算机。今后会有更多智能化机器人参与农业的管理。

（八）由"陆运式"向"空运式"发展

所谓空运农业，就是指通过飞机将各种蔬菜、水果、花卉等从原产地源源不断地空运到大工业城市，满足市民的需要。如日本各地兴建了新机场，在机场附近建起了"空运农业园地"，集中栽种并将产品空运到大城市出售。目前日本空运货物中有 30% 是蔬菜、水果、花卉等农产品，其中包括小葱、芦笋、草莓、鲜蘑菇、番茄、葡萄、枇杷、菊花、郁金香等。

（九）由"化学化"向"生态化"发展

减少化学物质、农药、植物生长调节剂的使用，转变为依赖生物自身的性能进行调节，使农业生产处于良性生物循环的过程，使人与自然在遵循自然发展规律的前提下，协调发展。

（十）由"单一型"向"综合型"发展

在现代集约种植业中，种植作物比较单一，随着生态农业和有机农业以及旅游农业的发展，使得单一的种植业向种植—养殖—沼气—加工等多位一体发展，发展旅游农业使得第一、第二、第三产业相结合，农业逐渐从单一的种植业向多产业综合发展，延长产业链条，不断提高农业综合效益。

第三节　现代农业的发展模式

随着社会的发展、市场的刺激、互联网及大数据的助推，各种更加有趣也更加适宜的现代农业发展的新模式不断涌现。

一、农业公园：乡土文化旅游新模式

国家农业公园是一种新型的旅游形态，它是按照公园的经营思路，但又不同于城市公园，把农业生产场所、农产品消费场所和农业休闲旅游场所结合在一起的一种现代农业经营方式。

根据农业现代化和农业服务业、旅游业深化发展的有关要求，中国村社发展促进会拟计划用5~8年的时间打造出100个“中国农业公园”。“中国农业公园”是利用农村广阔的田野，以绿色村庄为基础，融入低碳、环保、循环、可持续的发展理念，将农作物种植与农耕文化相结合的一种生态休闲和乡土文化旅游模式。农业农村部已于2008年制定了农业公园的相关标准，中国村社发展促进会、亚太环境保护协会等5家单位根据该标准联合制定了《中国农业公园创建指标体系》，包括乡村风景美丽、农耕文化浓郁、民俗风情独特、历史遗产传承、产业结构发展、生态环境优化、村域经济主体、村民生活展现、服务设施配置、品牌形象塑造、规划设计协调十一大评价指数，共计100分。经申报评审等程序，计分符合有关条件的，批准其为“中国农业公园”。

在规划建设面积上，国家级农业公园一般规模较大，少则上万平方米，多则数十万平方米，甚至更多者以平方千米来计数。目前比较成型的国家农业公园有河南中牟国家农业公园、山东兰陵国家农业公园、海南琼海龙寿洋国家农业公园，其他像安徽合肥包河区的牛角大圩10平方千米的生态农业区、山东寿光农业综合区均可作为国家农业公园考察。

农业公园的主体是依靠企业，是以消费带动农业增长的方式，根据消费者的消费需求来定制农业生产。整个乡村就是“大菜园、大花园、大乐园、大公园”。有菜地、有花圃、有苗圃、有大棚设施、有水景……一切东西都是按照旅游的特色打造，不是按照生产要素来组织。

二、文创农业：传统农业与文化创意的融合

文创农业是指用文化和创意手段去改造农业，农业会把生产、生活、生态更加完美的呈现在消费者面前。文创农业是继观光农业、生态农业、休闲农业后，新兴起的一种农业产业模式，是将传统农业与文化创意产业相结合，借助文创思维逻辑，将文化、科技与农业要素相融合，进而开发、拓展传统农业功能，提升、丰富传统农业价值的一种新兴业态。

目前市场上的文创农业模式包括：文创农产品农场、文创农艺工坊、文创农品专营店、文创主题农庄、文创亲子农园、文创休闲农牧场、文创酒庄、文创现代农业示范园区。以上类型盈利没有固定模式，可以根据项目自身的情况，灵活组合。文创农业的盈利模式主要可通过对文创农产品种养殖，文创农产品包装设计，文创工艺品生产创作，文创装饰品制作，批发零售，景观游赏，活动体验，演艺表演，科普教育，宴会会议，餐饮美食，民宿住宿，内部交通，纪念品礼品销售，其他配套服务等不同项目的经营获得来自票务、餐饮、住宿、会务、销售等渠道的盈利。此外，还可以尝试招商合作的经

营模式，以租赁、物业服务等作为盈利模式。

谈到文创农业，一般会直接想到的是商品包装，如水果、酒、茶叶、米、蜂蜜等。精美的礼盒加上富有诗意的文字，让农产品更显诗情画意。然而，精美的农产品包装多是从业者付出大笔金钱请设计师来设计的，这样增加了农产品的成本，销售量却没能与成本成正比。因此，文创农业不等于农产品包装。包装或设计，在农业文创化的过程中，只是末端，不可本末倒置。所谓文创，应该包含“文化”与“创意”两个层次。农业经营者，应先通过添加文化元素，找出特色、卖点或销售点。有了卖点，再从“创意”角度，将卖点简化、符号化、可传播化，成为销售主张或销售论述。文创农业应该以创意为核心，借助文创的力量，实现农业的文创转型，形成多产业联动的品牌体系，整体提升农业的产业价值。

三、认养农业：风险共担收益共享

“认养农业”是近年来新兴的农事增值发展模式，一般指消费者预付生产费用，生产者为消费者提供绿色、有机食品，在生产者和消费者之间建立一种风险共担、收益共享的生产方式。

对认养人来说，这是一种时尚，一种健康的生活方式。对传统种植农业来说，这是一种新思路带来的一种新业态，并且已经成为农业增值服务的具体表现。

事实上，“认养农业”的卖点并不是只有农产品，认养农业还可以与旅游、养老、文化等产业进行深度融合。认养农业把城市居民作为目标客户，以体验、互动项目为卖点，将特色农产品、旅游景点、风情民俗进行整合包装，再打包兜售。认养农业的兴起在帮助现代都市人认识农业、体验农园观光需求的同时，增加农民收入，带动农业生产健康有序发展。比如，辽宁省盘锦市的创新农业发展理念，在全省率先开创了认养农业发展模式。

认养能够满足都市人亲近田园的愿望。认养，远不仅仅是收获产品那么简单。顾客更期望的在于产品的附加价值。认养同时意味着消费者能够直接接触到生产者，大大简化了销售—购买的环节，这使得消费者能够在第一时间拿到最新鲜的产品。客户有机会近距离接触农场、了解农场更多的相关信息，不仅使得农产品的品质有了保障，而且在农产品的价格上也得以更加透明。

认养农业不仅给农村带来了客流、信息流、资金流，而且彻底解决了一家一户分散经营难以增收的核心问题，更重要的是认养农业模式推动了第一、第二、第三产业的深度融合。

四、设施农业：高效生产的现代农业新方式

设施农业是指在环境相对可控条件下，通过工程技术手段，进行动植物高效生产的一种现代农业方式。设施农业涵盖设施种植、设施养殖和设施食用菌等。

2012 年，我国设施农业面积已占世界总面积的 85% 以上，其中 95% 以上是利用聚烯燃温室大棚膜覆盖。我国设施农业已经成为世界上最大面积利用太阳能的工程，绝对数量优势使我国设施农业进入量变到质变转化期，技术水平越来越接近世界先进水平。设施栽培是露天种植产量的 3.5 倍，我国人均耕地面积仅占世界人均耕地面积的 40%，因此发展设施农业是解决我国人多地少，制约可持续发展问题的最有效技术工程。

设施农业是涵盖建筑、材料、机械、自动控制、品种、园艺技术、栽培技术和管理等学科的系统工程，其发达程度是体现农业现代化水平的重要标志之一。设施农业包含设施栽培、饲养，各类型玻璃温室，塑料大棚，连栋大棚，中、小型塑料棚及地膜覆盖，还包括所有进行农业生产的保护设施。设施栽培可充分发挥作物的增产潜力，提高农作物的产量，由于有保护设施，防止了许多病虫害的侵袭，在生产过程中不需要使用农药或很少使用农药，从而改善商品品质，并能使作物反季节生长，在有限的空间中生产出高品质的作物。

设施农业从种类上划分，主要包括设施园艺和设施养殖两大部分。设施养殖主要有水产养殖和畜牧养殖两大类。设施农业为动、植物生产提供相对可控制甚至最适宜的温度、湿度、光照、水肥和气等环境条件，在一定程度上摆脱对自然环境的依赖进行有效生产。它具有高投入、高技术含量、高品质、高产量和高效益等特点，是最具活力的现代新农业。

五、田园综合体：乡村新型产业发展的亮点

2017 年 2 月 5 日，田园综合体作为乡村新型产业发展的亮点措施被写进中央一号文件。田园综合体是集现代农业、休闲旅游、田园社区为一体的特色小镇和乡村综合发展模式，是当前乡村发展代表创新突破的思维模式。

田园综合体实现了田园的三次变现：第一次变现是依托自然之力和科技之力实现田园农产品变现；第二次变现是依托自然之力和创意之力实现田园文化产品和田园旅游产品变现，这一次变现不仅创造了效益，而且还形成了一个田园社群；第三次变现则是依托田园社群建立起来的延伸产业变现。

田园综合体的出发点是主张以一种可以让企业参与、城市元素与乡村结合、多方共建的“开发”方式，创新城乡发展，促进产业加速变革、农民收入稳步增长和新农村建

设稳步推进，重塑中国乡村的美丽田园、美丽小镇。田园综合体一方面强调跟原住民的合作，坚持农民合作社的主体地位，农民合作社利用其与农民天然的利益联结机制，使农民不仅参与田园综合体的建设过程，还能享受现代农业产业效益、资产收益的增长；另一方面强调城乡互动，秉持开放、共建思维，着手解决“原来的人”“新来的人”“偶尔会来的人”等几类人群的需求。

近年来，国内休闲农业与乡村旅游热情正盛，而田园综合体作为休闲农业与乡村旅游升级的高端发展模式，更多体现的是“农业＋园区”的发展思路，是将农业链条做深、做透，未来还会进一步拓宽至科技、健康、物流等更多维度。

田园综合体以乡村复兴为最高目标，让城市与乡村各自都能发挥其独特禀赋，实现和谐发展。田园综合体以田园生产、田园生活、田园景观为核心组织要素，多产业多功能有机结合的空间实体，其核心价值是满足人回归乡土的需求，让城市人流、信息流、物质流真正做到反哺乡村，促进乡村经济的发展。

六、共享农业：推进农业农村发展的新动能

2016年共享单车的兴起将中国的“共享经济”推上了一个新高度，目前国内共享经济市场涉及共享汽车、共享单车、共享房屋、共享餐饮、共享金融、共享充电宝等多个领域，并在不断扩展。中国作为农业大国，曾经一度号称“用7%的耕地养活了世界22%的人口”。电商的兴起，为农业的共享提供了庞大平台基础；互联网和大数据的融合，为中国农业提供了精准化的数据支持；物联网技术的发展，使农业进入自动化无人监管的新时代。

共享农业是贯穿整个农业产业链全过程，将成为推进农业农村发展的新动能，农业供给侧结构性改革的新引擎。共享农业将分散零碎的消费需求信息集聚起来，形成规模，实现与供给方精准匹配对接，是发展共享农业的关键。因此，要在硬件建设上抓好互联网在乡村的普及覆盖，尤其要做好农民手机终端的开发使用。

共享经济进入农业领域，一方面淘汰掉中间环节，另一方面还要真正实现“共享”，为农业、农村、农民真正起到帮助作用。共享经济模式最基本的就是拿出私有财产、资源或者信息，与用户达成互惠互利的合作，增加资源的利用率。当前，共享农业已经向共享土地、共享农机、共享农庄等具体的形态上发展。

农业推广相关政策的出台，也让一批手持农业科技真本事的人和单位成为共享农业模式的受益者。“深入推行科技特派员制度，打造一批‘星创天地’。”如果单独来看，这也许只是常规的一项内容而已，但如果以共享经济的角度思考，这里面也蕴含着改变传统农资格局的“大阳谋”。

第二章　现代农业的新型经营主体

第一节　现代农业的新型经营体系

新型农业经营体系是指大力培育发展新型农业经营主体，逐步形成以家庭承包经营为基础，专业大户、家庭农场、农民合作社、农业产业化龙头企业为骨干，其他组织形式为补充的新型农业经营体系。构建新型农业经营体系，大力培育专业大户、家庭农场、专业合作社等新型农业经营主体，发展多种形式的农业规模经营和社会化服务，有利于有效化解这些问题和新挑战，保障农业健康发展。

要坚持和完善农村基本经营制度，依法维护农民土地承包经营权、宅基地使用权、集体收益分配权，壮大集体经济实力，发展农民专业合作和股份合作，培育新型经营主体，发展多种形式规模经营，构建集约化、专业化、组织化、社会化相结合的新型农业经营体系。

新型农业经营体系是对农村基本经营制度的进一步发展。以家庭承包经营为基础、统分结合的双层经营体制，是我国农村改革取得的重大历史性成果，是广大农民在党的领导下的伟大创造，适合国情，适应社会主义市场经济体制，符合农业生产特点，能极大调动农民积极性和解放发展农村生产力，为改革开放以来我国农业农村历史性变化提供坚实制度基础，是中国特色社会主义制度的重要组成部分，必须毫不动摇长期坚持。这种基本经营制度，是在农村改革的伟大实践中形成的，并在农村改革的深化中不断丰富、完善、发展。构建集约化、专业化、组织化、社会化相结合的新型农业经营体系，就是适应发展现代农业需要，着力在“统”和“分”两个层次推进农业经营体制机制创新，加快农业经营方式实现“两个转变”。

新型农业经营体系充分体现了发展现代农业的客观要求。国际经验表明，现代农业需要相适应的经营方式，集约化、规模化、组织化、社会化是现代农业对经营方式的内在要求。合作社在传递市场信息、普及生产技术、提供社会服务、组织引导农民按照市场需求进行生产和销售等方面发挥着重要作用，是组织和服务农民的重要组织形式，尤其是发达国家农民普遍参加合作社。发展现代农业、实现农业现代化，是我国农业发展的重要目标。构建集约化、专业化、组织化、社会化相结合的新型农业经营体系，使农业经营方式更好体现集约化、规模化、组织化、社会化要求，有利于加快我国现代农业发展、推动农业更好更快实现现代化。

新型农业经营体系是应对当前农业经营方式面临新挑战的有效措施。当前我国农村正在发生深刻变化，农业经营方式面临诸多新挑战，经营规模小、方式粗放、劳动力老龄化、组织化程度低、服务体系不健全是突出表现。构建集约化、专业化、组织化、社会化相结合的新型农业经营体系，大力培育专业大户、家庭农场、专业合作社等新型农业经营主体，发展多种形式的农业规模经营和社会化服务，有利于有效化解这些新问题和新挑战，保障我国农业健康发展。

第二节　家庭农场发展基本态势

为解决谁来种地、怎么种好地难题，亟待构建集约化、专业化、组织化、社会化相结合的新型农业经营体系。家庭农场作为一种新型农业经营主体，能够有效集成现代农业生产要素，保障商品、农产品特别是大田作物农产品供应，是新型农业经营体系的重要组成部分。

一、家庭农场的基本特征

家庭农场是指以家庭成员为主要劳动力，从事农业规模化、集约化、商品化生产经营，并以农业为主要收入来源的新型农业经营主体。与专业大户、合作社和龙头企业等其他新型农业经营主体相比，家庭农场具有三大突出特点：一是以家庭为基本单位。家庭农场在生产作业、要素投入、产品销售、成本核算、收益分配等环节，都以家庭为基本核算单位，继承和体现了家庭经营产权清晰、目标一致、决策迅速、劳动监督成本低等诸多优势。二是以农业生产经营为主要收入来源。家庭农场以提供商品性农产品为目的开展专业化生产，主要从事种植业、养殖业生产，实行一业为主或种养结合的农业生产模式。三是以适度规模经营为基础。家庭农场的种植或养殖经营必须达到一定规模，其经营规模因从事行业、种植品种等不同而有所差异，并随着农田基础条件、农业生产技术和农业机械装备的改善而不断变化和提高。

二、湖北省发展家庭农场必要性

家庭农场以追求效益最大化为目标，使农业经营由保障功能向盈利功能转变，克服自给自足的小农经济弊端，体现商品化程度高、市场竞争能力强、能为社会提供多样化农产品等特点，是湖北省推进现代农业发展的有效途径。

（一）发展家庭农场有利于解决湖北省农村土地“撂荒”和流转土地“非粮化”、“非农化”问题

随着工业化和城镇化的快速发展，湖北农村的青壮年劳动力大规模向城市转移，农户兼业化、村庄空心化、农村人口老龄化的趋势日渐明显，全省农村土地“撂荒”现象严重，急需把闲置土地流转到愿意种地、能种好地的农民手中。同时，湖北省部分地区盲目鼓励工商企业长时间、大面积租种农民土地，不但挤占农民就业空间，也容易导致流转土地“非粮化”和“非农化”。在此背景下，培育和发展家庭农场，是企业规模经营和小农户粗放经营之间的“中间路线”，既有利于实现湖北农业的集约化、规模化经营，又可以避免企业大量、长期租地带来的种种弊端。

（二）发展家庭农场有利于完善湖北省农村基本经营制度

随着市场经济的发展，传统农户小生产与大市场对接难的矛盾日益突出，家庭经营能否适应现代农业发展要求成为关注焦点。湖北一些地区鼓励工商企业长时间、大面积租种农民土地，就是对家庭经营模式信心不足的表现。在承包农户基础上孕育出的家庭农场，既能发挥家庭经营的独特优势，符合湖北省农业生产特点，又能克服承包农户“小而全”的弊端，适应湖北省现代农业发展要求，具有旺盛的生命力和广阔的发展前景。培育和发展家庭农场，不仅坚持了家庭经营在农业中的基础性地位，而且很好地完善了家庭经营制度和统分结合的双层经营体制。

（三）发展家庭农场有利于湖北省发展规模经营、提高劳动生产率

土地经营规模的变化，会对劳动生产率、土地产出率产生不同的影响。如果土地经营规模太小，虽然可以实现较高的土地产出率，但会影响劳动生产率，制约农民增收；如果土地经营规模过大，虽然可以实现较高的劳动生产率，但会影响土地产出率，不利于农业增产，也不符合湖北省省情和农情。因此，发展规模经营，既要注重提升劳动生产率，也要兼顾土地产出率，把经营规模控制在“适度”范围内。培育和发展家庭农场，能够确立适度的规模经营，实现土地生产率和劳动生产率的最优配置，避免以降低土地产出率为代价，片面追求扩大经营规模的发展误区。

三、湖北省家庭农场发展现状

2010 年前后，湖北省部分地区就开始尝试推动家庭农场这一农业新型经营主体的发展。2013 年，中央一号文件关于鼓励发展家庭农场意见的提出，更是为湖北省全面推进家庭农场发展创造了机遇。为把握好湖北家庭农场发展契机，2013 年 7 月，湖北省工商局、省农业厅联合出台《关于做好家庭农场登记管理工作意见》（以下简称《意

见》），用以规范湖北省家庭农场登记行为，推动全省家庭农场建设。至此，湖北省家庭农场进入了新一轮快速发展期。

从湖北省家庭农场注册数量看，一方面，全省家庭农场的注册增速在明显加快。2013年，全省满足家庭农场认定标准的经营主体共43370家，湖北省《意见》出台前，在工商部门进行家庭农场登记的经营主体仅有302家；《意见》出台后，截至2013年8月27日，共有1291家经营主体在工商部门完成家庭农场登记。另一方面，全省不同地区家庭农场注册数量存在明显差异。武汉市作为全国家庭农场发展典型之一，从2011年到2012年两年间共培育扶持示范性家庭农场167家；宜昌和宜城进行工商登记注册的家庭农场数量分别为220家和150家；相比之下，农业经济同样较为发达的荆州和十堰地区，家庭农场的登记数量却并不多，截至2013年9月9日，在荆门工商系统进行登记注册的家庭农场只有95家，而在十堰注册的家庭农场只有50多家。

从湖北省家庭农场经营规模看，一方面，湖北省家庭农场规模整体较小。全省经营规模在50亩以下的家庭农场占农场总数的55.8%，经营规模在100亩以下的家庭农场达到69.1%。另一方面，全省不同区域家庭农场的经营规模差异较大。以十堰和荆州为例，2013年，十堰共登记注册家庭农场229家，其中，经营规模在50亩以下的占到登记农场总数的72.9%，低于全省的平均水平。截至2013年4月，荆州市共登记注册家庭农场121家，其中，从事种植业家庭农场的平均经营规模为503亩，从事水产养殖家庭农场的平均经营规模为376亩，高于全省的平均水平178亩和152.67亩。

从湖北省家庭农场经营结构看，全省有92.24%的家庭农场从事单纯的种植业和养殖业，经营范围涉及粮食、蔬菜、果树、花卉、畜禽、水产以及农业观光各个方面，发展种养结合（4.4%）以及循环农业的家庭农场并不多。以武汉市、十堰市和大悟县为例，武汉市家庭农场以种植业为主，99家武汉市示范性家庭农场之中种植业家庭农场就有41家，占到农场总数的41.4%。与武汉情况类似，在粮食大县湖北大悟，符合认定标准的304家家庭农场中，经营种植业的有148家，占到了全县家庭农场总数的48.7%。十堰市229家家庭农场中，从事养殖业的农场数达到139家，远多于从事种植业家庭农场的53家。

四、与其他省市的比较分析

上海市、浙江省、吉林省和安徽省是较早发展家庭农场的地区，山东省、江苏省、河南省的家庭农场虽起步较晚，但都呈现出了快速增长态势。与这些省市地区相比，湖北省家庭农场无论是在数量上，还是对农民增收的帮助上，都处于中等偏下水平。从家庭农场注册数量看，湖北省与上海市、山东省的水平相当，分别为1291家、1893家和1188家，但远落后于浙江省的6438家；与中部其他省份相比，湖北省家庭农场数量虽高于江西省的500家以及湖南省的643家，但低于河南省的3810家以及安徽省的2000

家。从家庭农场对提高农民收入的帮助看，以2012年数据为例，湖北省家庭农场人均总收入为4.95万元，是当年湖北全省农民人均收入的4.7倍；浙江家庭农场人均纯收入为16.25万元，是当年浙江全省农民人均纯收入的11.17倍；无论是从家庭农场人均收入，还是对提高农民人均收入的帮助，湖北省的家庭农场都远不及浙江省。

第三节　家庭农场经营模式及服务需求分析

一、家庭农场经营模式分析

湖北省家庭农场的生产经营有着极强的地域特点，主要表现在四个方面：一是家庭农场种养物种杂。通过对调查结果的分析我们发现，湖北省常年种养物种高达2300多种，且每个物种又可衍生出多个不同品种，初步估算，供家庭农场生产的产品可达数万种。二是家庭农场种养物种变化快。受市场诱导，家庭农场种养物种可能随时根据市场需求发生变化，诸如水稻田改鱼塘、耕地变苗圃等情况时有发生。三是家庭农场自然条件依赖性强。四是家庭农场经营分散、规模较小。鉴于这些特点，湖北省家庭农场独自承担自然风险和市场风险的能力较弱。

为了生存和发展，通过政府推动和自身努力，湖北省家庭农场在发展过程中逐渐形成以下五种经营模式：

（一）大宗农作物自主生产模式

采取该模式的家庭农场一般具有经营规模较大、市场销售渠道稳定、农业技术要求低和政府支持力度强的经营特点。从事大宗农作物自主生产的家庭农场，其经营规模通常都在200亩以上（部分有实力的家庭农场更是超过1000亩），普遍通过订单农业这一新型农业生产经营模式，通过与国有或者私营粮食收购、经销企业建立稳定的供货关系，保障农产品的市场销售。总体来看，大宗农作物自主生产模式具有很好的发展潜力，适用于土地资源丰富、农村劳动力短缺、土地成片流转顺畅的地区。

（二）“家庭农场＋合作社”模式

该经营模式以农业专业合作社为依托，将农业生产类型相同或相近的家庭农场集中在一起组成利益共同体，通过市场信息资源共享、农技农机统一安排使用等方式，在农产品的产、供、销各个阶段，为家庭农场提供资金、技术、生产资料、产品销售等服务，实现农业的产业化经营。这种模式能够充分延伸农业产业链，最大限度实现家庭农场的共同利益。在这种模式下，农业专业合作社在为家庭农场提供生产资料、技术培训、市场营销等方面服务的同时，通过采用统一包装、统一品牌、电子商务等方式，为家庭农场与大型连锁超市搭建合作桥梁，进而促进家庭农场的快速发展和经营效益的快速提高。这种模式的实现，需要合作社具有较强的实力和完整的组织体系。然而，受到资金、组织、制度等条件的制约，我省大多数合作社为家庭农场提供服务的能力非常有限，通常只能提供简单的技术、信息或市场营销服务。

（三）“家庭农场＋龙头企业”模式

该经营模式与大宗农作物自主生产模式相似，一般采用订单农业的生产经营方式，通过与龙头企业建立合作关系，使家庭农场农业生产经营的灵活性与龙头企业的资金、技术、管理优势相结合，在充分发挥家庭农场规模优势的同时，体现龙头企业在农产品的收购、经销、加工及储存过程中的优势作用。家庭农场与龙头企业的联合，一方面能够降低企业在原料生产、收购等环节上可能出现的投机风险，降低企业生产成本；另一方面又能够为家庭农场引入专业化管理机制，提高家庭农场生产效率和经营管理水平。但是，受到家庭农场和龙头企业市场地位不对等的影响，当农产品市场出现较大波动时，该模式无法有效保障家庭农场的相关利益。

（四）“家庭农场＋合作社＋龙头企业”模式

该经营模式能够将农业专业合作社的组织优势和龙头企业的市场优势进行有效结合，在兼顾家庭农场、农业专业合作社和龙头企业三方利益的同时，充分提升家庭农场的市场地位。在这种模式中，农业专业合作社将作为家庭农场的发言人和谈判者，就农产品收购价格、方式、时间及质量等问题与农业龙头企业进行协商，使家庭农场获得更稳定的收益和农产品销售渠道，确保家庭农场能够从龙头企业那里获得更多的利益；同时，通过与龙头企业的合作，建立产销一体化产业组织体系，发挥家庭农场的规模优势、专业合作社的组织优势和龙头企业的市场优势，提高各方经济效益，实现三方的共赢。

（五）自主特色种养经营模式

该经营模式由家庭成员自学和长期摸索，通过自我积累而逐渐形成。其特点是农场规模不大、分布更为分散、种养物种充分体现市场特色，并依靠产品的强市场导向特征提高市场竞争力。在发展初期，家庭农场主要依靠自己的力量进行决策、生产和销售；在形成自己的特色之后，除因家庭成员结构发生较大变化外，其生产经营是相当稳定的。

二、家庭农场服务需求分析

家庭农场的经营模式不同，其服务需求也必然存在差异，根据家庭农场农产品生产的不同阶段，可将其服务需求归纳为产前服务、产中服务、产后服务和经营管理服务四大类。其中，产前服务主要以决策咨询、发展规划、土地流转、农业土地治理改造、农资供给、生产资金筹措为主，解决家庭农场怎么建、种什么和养什么的问题；产中服务主要以农业科技指导、农机供给、病虫害防治为主，解决物种怎么种和怎么养的问题；产后服务主要以农产品采收与加工、农产品储存、农产品物流和农产品销售为主，解决家庭农场产品怎么卖的问题；经营管理服务则以信息服务和金融保险为主，解决怎么降低家庭农场经营的自然风险和市场风险问题。服务的供给主体既有政府部门，也有机关事业单位，还包括其他社会主体（如合作社、大专院校、龙头企业、供销社、信用社等），各主体之间既相对独立，又相互联系，共同承担起为家庭农场提供所需服务的职责。

本项目主要对产前的土地流转服务、农资供给服务和筹资信贷服务，产中的农技指导和信息服务，产后的农产品销售服务，以及与家庭农场管理相关的政策支持与指导服务，进行了具体分析和研究。

（一）土地流转服务

拥有一定规模的土地是家庭农场建立的必要条件，土地流转是家庭农场获得土地使用权的主要途径。土地流转服务主要涉及政府农业部门和各级土地流转中介组织。从调研结果我们知道，在全省很多地区，农地流转的仲裁机构就设在农办，但其对土地流转的约束和管理能力很弱，几乎不涉及土地流转的常规活动，服务能力非常有限。而土地流转中介组织虽然具有信息服务、合同服务和纠纷仲裁的作用，但无法根据家庭农场的需要提供小块土地的规模整理服务，更无法向家庭农场提供融资、信用担保等方面服务。因此，大部分家庭农场选择直接与村级组织签订土地流转协议，由农户委托村级组织流转农地。但在具体操作过程中也暴露出农民哄抬土地流转价格，不按合同履行相关责任的问题。

以咸宁市咸安区调研数据为例，农户与农户之间进行土地流转的费用为每亩200~300元一年，而家庭农场与农户之间进行土地流转的费用为每亩600~700元一年，是农户间流转费用的2~3倍。土地流转价格的暴涨，增加了家庭农场的组建成本，让很多有意从事家庭农场经营的社会主体望而却步。同时，在签订土地流转合同后，农户仍然对土地使用有诸多意见，当家庭农场无法达到农户的土地使用期望时，会以土地使用权为条件，给家庭农场施压，影响家庭农场的正常运作。

（二）农资供给服务

农资是家庭农场从事农业生产经营活动的基础要素，为家庭农场开辟安全、快捷、可靠的农资供给渠道，是农资供给服务的主要任务。目前，能够提供农资供给服务的组织较多，主要以农业局所属农科站、农资企业及农民专业合作社为主，部分农业龙头企业和供销合作社也能参与其中。但是，尽管农资产品供给主体呈现出如此多元化的发展趋势，农资供给市场秩序混乱的问题仍然无法回避，项目在湖北省天门市的调查结果显示，农资超市、农资经销商、农资代理商三足鼎立的局面已经形成，农资销售竞争激烈，如何在此局面下使家庭农场用上价格合理、安全可靠的农资产品，成为农资供给服务需要解决的重点和难点问题。从发达国家和地区的农资服务供给经验看，农民专业合作社与家庭农场的联系最为紧密，具有为家庭农场提供农资产品的先天优势，可以作为未来农资供给服务的主要力量；涉农企业因其市场化经营特点，能够依据家庭农场的不同生产要求，为其提供优质的农资供给服务，可以作为向家庭农场提供农资供给服务的重要补充。

以湖北省监利县水稻育秧工厂的农资供给为例，在水稻种子供给方面，家庭农场经营者从监利县或者湖北省品种推荐目录中选择水稻品种，通过育秧工厂购买，并全额支付种子购买费用充当定金，由县农业局执法大队对购买种子进行抽样检查，确保水稻种子的质量安全；在化肥、农药供给方面，育秧过程中的化肥和农药由育秧工厂统一采购，插秧后则根据家庭农场的具体需求进行购买，并由县农业局执法大队对育秧工厂和家庭农场使用的化肥进行抽检，确保质量。在农机服务供给方面，育秧完成之后，工厂通过与农机社合作，向家庭农场提供机整、机插、植保飞机施肥撒药、机械收割等服务。

（三）筹资信贷服务

从湖北省家庭农场的调查情况看，农村信用社是家庭农场获取贷款的主要来源，个别家庭农场筹资会涉及民间信贷，但金额一般较小，只能满足家庭农场短期资金周转的需要。家庭农场信贷资金来源的相对单一和筹资渠道的不通畅，限制了其投资密集型产业，特别是发展设施农业的能力。为解决家庭农场的筹资难题，湖北省出台农村信用社农户小额担保贷款管理办法，为家庭农场发展提供贷款担保服务，在一定程度上缓解了家庭农场的资金压力。但是，从实际调查情况看，家庭农场筹资难的问题依然显著，仍是制约家庭农场发展的主要障碍之一。

（四）农技指导和信息服务

农技指导和信息服务对家庭农场生产效率的提高起着重要推动作用，是家庭农场保持发展活力的服务保障。湖北省家庭农场的农技指导和信息服务主要由政府农业部门及下属事业单位、农业科研机构、农业专家、涉农企业和农业专业合作组织共同提供。从项目调查结果看，政府农业部门及下属事业单位和农业科研机构，作为公益性服务组织，是农技指导和信息服务供给中的主导力量，而农业专业合作组织、农业专家和涉农企业则是服务供给的重要参与主体。以监利水稻育秧工厂的农技服务模式为例，在秧苗移栽之后到水稻收割之前，育秧工厂会根据生长周期，定期向家庭农场经营者发送施肥通知和病虫害防治通知等免费服务短信，提醒家庭农场经营者该施什么肥、该预防什么病虫害以及如何预防。同时，依据农户要求提供上门服务，如利用植保飞机施肥撒药、农技服务人员现场进行病虫害诊断等，并针对具体服务内容，收取相应服务费用。

针对农技指导和信息服务供给过程中所暴露出的服务供求信息交流渠道不畅、服务供给动力不足和服务效果不佳等问题，应在健全服务需求反馈渠道的基础上，完善利益联结机制，充分调动各方主体的服务积极性，进而强化政府农业部门及下属事业单位、农业科研机构、农业专家、涉农企业和农业专业合作组织的农技指导和信息服务功能。

（五）农产品销售服务

农产品销售是家庭农场实现家庭收入最大化目标的关键环节，构建安全、通畅、高效的农产品销售渠道，提供及时、准确的农产品销售信息，是农产品销售服务的核心内容。调查显示，家庭农场产品销售服务的供给主体包括农业专业合作社、涉农企业、农业经纪人和政府相关部门等，各主体分工合作、优势互补，共同承担为家庭农场提供农产品销售服务的职责。家庭农场的产品销售方式主要分为两种：一种是市场直销，即纯粹面向市场，家庭农场生产的农产品直接投向市场，进行自由销售；另一种是由政府部门、农业专业合作社或涉农企事业单位与家庭农场签订协议，以订单形式向家庭农场提供农产品销售服务。

从项目的调查结果看，湖北省家庭农场大多采取订单农业这一农业生产经营模式，通过与政府部门、农业专业合作社、涉农企事业单位、农业经纪人等建立稳定的产销关系，保障其农产品能够正常销售。同时，政府相关部门会通过举办各类农产品展销会、搭建网上农产品销售服务平台、加强地方农产品品牌宣传等方式，为家庭农场建立农产品销售渠道。

（六）政策支持与指导服务

政策支持与指导服务不仅为家庭农场发展创造良好的政策环境，而且更为家庭农场发展指明未来方向，是激发家庭农场发展动力、维持家庭农场发展信心不可缺少的服务。家庭农场的扶持政策一般是由各级政府农业主管部门制定和颁布实施，并协调其他部门共同参与。在政策的具体实施过程中，政府农办、农业局等农业主管部门通过印发家庭农场认定条件及相关政策资料等方式，对家庭农场发展进行相关指导，并负责对政策实施情况与实施效果进行监管和评估。

从本项目调研结果来看，湖北省农业主管部门面向家庭农场提供的服务，还是以制定扶持政策为主，咨询及指导服务相对较少，并缺乏对政策实施的跟踪及有效评估。因此，应在提供个性化指导服务和建设政策实施监管制度方面进行强化。

三、家庭农场服务需求特征

立足湖北省家庭农场的服务需求，结合家庭农场种养物种杂、种养结构变化大、自然依赖性强、经营分散以及规模较小的经营特点，我们通过调研认为，湖北省家庭农场的服务需求具有以下几个特征：

一是家庭农场个体服务需求以“链”式为主，域内家庭农场需求以“块”为主。任何一个家庭农场，无论其经营的品种多还是少，其服务需求都是以农产品产业链条为主线，针对农产品产前、产中、产后不同服务需求而展开的；处于同一地区的家庭农场，由于气候条件、自然环境以及土地资源禀赋的高相似性，决定了其整体服务需求主要围绕本地区农业主导产业的服务需求展开。

二是家庭农场服务需求在一个区域和一定时段内可能是变化的，而对于整个地区农业产业来说则是相对稳定的。如在一个以水稻种植为主产业的乡镇，部分农户改稻田为鱼塘进行水产养殖，对于本乡镇来说，养鱼户的服务需求是全新的，而对于整个湖北地区农业产业服务而言则是已存在和成熟的。

三是家庭农场生产对自然条件的强依赖性决定其服务需求是不确定的。在中国农业生产“靠天吃饭”基本现状没有得到根本性改变的前提下，湖北省家庭农场生产受气候条件、环境资源的影响巨大，相应服务需求可能随自然条件改变而发生变化（如发生虫害则需要植保服务，而没发生虫害则不要求提供服务）。

四是家庭农场的经营规模及分布情况决定其对服务成本接受度是有限的。具体表现为，服务的刚性成本与家庭农场对服务成本接受程度的不匹配。规模较小的家庭农场，受总体资金储备条件限制，对服务的资金投入有限；地处较偏远的家庭农场，受区位条件制约，享受服务（如物流、农技指导等）的成本过高，往往超出了家庭农场对服务的成本预期。

第四节　家庭农场经营面临的主要问题

一、家庭农场认定标准有待完善

2013 年 7 月 17 日，湖北省《意见》的出台，对家庭农场的组织形式、登记类型、登记机关、登记要求、名称使用规范和经营范围做出明确规定。根据《意见》要求，申请家庭农场必须具备五个基本条件：一是投资人为农村户籍或具有农村土地承包经营权的自然人；二是经营范围以农业种植、养殖为主，并符合国家产业政策要求；三是具有一定规模；四是土地经营期限不低于 5 年，土地流转合同依法经乡（镇）财经所（经管站）备案；五是符合法律法规规定的个体工商户、个人独资企业、合伙企业、公司设立条件。我们研究发现，这种静态认定标准并不符合湖北省家庭农场发展的省情，并在一定程度上制约了湖北省家庭农场的发展。

（一）家庭农场经营规模的认定问题

湖北省家庭农场认定标准提出：“具有一定的经营规模。其中，从事粮棉油大宗农产品种植的，土地经营面积不低于 50 亩；从事养殖和其他种植的，达到县级以上（含县级）农村经济经营管理部门文件规定的基本要求”。这一标准客观上将家庭农场的认定条件与扶持条件挂钩，给基层以“经营规模越大越好”的政策误导，导致湖北各地强推土地流转现象的出现，一定程度上阻碍了家庭农场的健康发展。按现行土地经营面积不低于50亩标准计，约需101万农户就能耕种全部耕地，其他980多万农户需另找出路。地少人多的基本省情和农情，决定了湖北省家庭农场必须实行适度规模经营，在避免规模小而无效问题的同时，需要预防规模大而不精问题的产生。在对家庭农场经营规模进行界定时，应充分考虑湖北各地区的土地资源禀赋差异，以及种粮、种菜和养殖类家庭农场对规模效益最大化的要求，取消对土地经营规模的最低规定，只提出适度规模的原则要求；同时，针对家庭农场盲目追求经营规模倾向的出现，应指导各地提出家庭农场规模的上限，具体经营规模可以通过家庭农场的“人地比”（农场劳动力人均经营的土地）等具体测度指标衡量，也可以由各市、县因地制宜自行把握。

本项目的调研结果显示，不同级别的农场除经营土地规模、劳动生产率与耐用资本投入有所差别外，其土地生产率等其他指标并无太大差距。例如，一些小规模经营的微型农场，它们生产和经营的市场化程度完全可以与大型家庭农场相媲美；然而，若以湖北省现行的适度规模为标准，这类微型农场很难被进行归类。由此可见，经营规模虽是推进家庭农场发展的一个重要因素，但还并不是决定性因素，固化的家庭农场经营规模认定标准值得进一步商榷。

（二）家庭农场的劳动力构成的认定问题

湖北省家庭农场认定标准中虽未提及对家庭农场劳动力构成的具体要求，但考虑到家庭农场的基本内涵与特征，结合农业农村部对家庭农场的认定条件，对其劳动力构成进行探讨尤为必要。根据农业部对家庭农场劳动力的认定标准，家庭农场必须“以家庭成员为主要劳动力，即无常年雇工或常年雇工数量不超过家庭务农人员数量”。对此，探讨的焦点主要集中在对“家庭成员”含义的理解和对雇工的认识两方面。一方面，所谓“家庭成员”究竟是指核心家庭成员，还是具有血缘或姻缘关系的大家庭成员？就本项目的调查结果来看，湖北省各地家庭农场人员组成，仅为核心家庭成员的极少，多数家庭农场的主要劳动力，都与家庭农场经营者有着血缘、姻亲关系或法律上的继、养关系。因此，农业农村部认定标准所提“以家庭成员为主要劳动力”中的“家庭成员”，不应仅仅是指户籍意义上的家庭成员，还应包括具有血缘或姻缘关系的大家庭成员。另一方面，由于家庭农场自有劳动力对非农就业存在强偏好，大部分的家庭农场都存在雇工现象（包括常年雇工、季节性雇工），因此，讨论的关键变为“常年雇工数量不超过家庭务农人员数量”这一认定标准是否合理？仅从家庭农场经营规模看，50亩地和500亩地的雇工需求是不同的，在家庭成员数量一定的情况下，经营规模越大，雇工数量超过家庭成员数量的可能性越高；即使家庭农场的经营规模相同，机械化程度不同，其用工需求也不同，机械化程度越高，对雇工人数的需求就越少，相对雇工数量超过家庭成员数量的可能性也越低。

据此，本项目经研究认为，简单地以“雇工数量不超过家庭务农人员数量”作为家庭农场劳动力认定标准，显然与农场经营的客观现实不符，建议取消是否雇工或者雇工多少这一认定门槛。

二、家庭农场服务体系建设有待加强

（一）家庭农场服务供给主体的职能被弱化

在乡镇一级服务机构的建立过程中，以当地政府意志而建立起来的服务机制，与以市场为导向的家庭农场服务需求常常显得格格不入。以水稻种植为例，从粮食安全角度出发，政府鼓励水稻种植，并建有一套完善的服务机制；但在市场利益导向的驱使下，家庭农场更愿意种植价值更高的经济作物，在此过程中，家庭农场的服务需求与现有服务供给机制之间的矛盾就显现出来，一方面现有服务主体提供的服务需求较小；另一方面家庭农场所需要的服务却没有供给，政府的服务功能无法得到有效发挥。此外，与政府相比，其他社会服务主体（特别是涉农企业）在面临自然条件等因素所产生的服务风险时，由于常常处于巨大经济损失无法得到相应补偿的窘境，因此，这类主体所能提供的服务也非常有限。

（二）家庭农场所能获取的服务内容涉及范围较窄

一方面，地方政府通常以本地农业主导产业决定本区域内的服务供给的内容，容易造成与家庭农场真正所需服务内容的脱节，使得在一定区域内政府应对需求变化的能力变弱。以前面所举“稻田改鱼塘”为例，最早从事水产养殖的家庭农场试图通过政府或本地企业获得相应服务基本上是不可能的，在生产经营过程中遇到的所有问题都必须依靠自身的力量来解决。另一方面，尽管随着市场化机制的建立，面向家庭农场的社会化服务初显规模，在一定程度上弥补了政府服务内容供给的不足。但因社会服务主体是以追求利益最大化为目标，其服务的面向主体往往集中在生产规模较大的经营者身上，其服务具体内容也局限在某些利润回报较大的环节上（如种子、化肥、农药销售环节），因此，其他无利可图或风险大的服务仍旧处于真空状态。

（三）家庭农场的服务获取渠道不畅

从调查情况来看，全省跨区域的家庭农场服务供给，因成本问题几乎很难实现，就算家庭农场经营者愿意支付较高的服务费用，也很难满足服务供给及时性的要求。此外，家庭农场服务的“最后一公里”问题依然突出。由于家庭农场分布的相对分散性，实现集中服务的难度较大，而“一对一”服务的成本又过高，服务供给在到达乡镇之后很难再向家庭农场个体延伸。尽管采取科技特派员、村级服务站、农业专家驻点等手段，试图解决家庭农场服务的“最后一公里”问题，但从调研结果看，其实施效果并没有达到预期。

（四）家庭农场购买服务的定价标准模糊

家庭农场服务价格主要取决于服务需求的急迫性和本地政府对服务的支持程度。除畜牧业防疫、治疗、配种等的服务价格和大宗农作物的育苗、耕种、植保、收获等服务价格得到普遍认可外，其他经济类作物、动物种养方面的服务价格一直呈模糊状态。更让需求者感到无奈的是很多服务有市无价，一方面，服务需求方不知道花多少钱能够获得服务，另一方面，服务供给方不知道如何给服务合理定价才能卖出服务。

三、家庭农场经营者素质有待提高

从湖北省调研情况来看，除少数家庭农场经营者达到大学学历外，大部分家庭农场的经营者只有初中文化水平，且年龄在40~50岁。文化水平偏低、整体年龄偏大，一方面造成家庭农场经营者的产品、市场和竞争意识薄弱，在应对市场化风险和做出投资经营决策时，往往存在盲目性和滞后性问题；另一方面，容易影响家庭农场经营者对新技术、新产品、新观念的接受程度和学习能力，不利于家庭农场技术的更新、产品销售渠道的拓展和相关服务的获取。同时，由于缺乏职业化的教育培训，很多家庭农场经营者对农业生产技术的熟悉程度和运用能力不高，无法满足建设现代家庭农场的客观需要，严重影响了家庭农场经营效益的提高和健康可持续发展。家庭农场经营者整体素质偏低，已经成为制约湖北省家庭农场竞争力提升、市场化以及产业化进程加快的重要因素。

四、家庭农场补贴力度有待加大

湖北省大部分家庭农场资金实力不强，固定资产投资额有限，无法通过资产抵押等方式获得更多的流动资金，制约了家庭农场经营规模的扩大以及技术水平和生产效益的提高。从补贴方式看，湖北省对家庭农场的补贴方式为“先建后补”，对批准立项且达标的种植业、水产业专业型家庭农场，种养综合、循环农业型家庭农场新建的基础设施部分予以补贴，并在检查验收后，拨付补贴资金；已享受财政补贴的农业企业、专业合作社不纳入家庭农场补贴范围。但从我们的调研结果来看，这种“先建后补”的补贴方式，无法有效缓解家庭农场前期建设所带来的资金压力。

从补贴内容看，湖北省对家庭农场进行补贴还是以土地流转补贴和农机补贴为主，对信誉较好的家庭农场会给予一定的信贷额度；但是，对于农业技术培训、农业保险、生产配套设施建设等环节的补贴较少，甚至没有，严重制约了家庭农场经营者综合素质的提升、生产经营水平的提高以及经营规模的进一步扩大。

第五节 国内部分省市推进家庭农场发展的主要做法与启示

一、国内部分省市主要做法

（一）上海市松江区的主要做法

在土地流转机制上，上海市松江区采取土地托管方式，由村委会出面流转集中农村土地，将土地流转权承包给家庭农场经营者。按照依法、自愿、有偿的原则，村民先与村委会签订规范的土地流转授权委托书，再由村委会与家庭农场经营者签订土地流转合同，并以当年的粮食价格为参考拟定土地流转价格。

在家庭农场的管理上，上海市松江区建立了严格规范的家庭农场准入、监督管理以及退出制度。从家庭农场的准入机制看，松江区通过公开招标的方式确定农场经营者：村委会发布家庭农场申办信息（包括数量、规模、土地流转价格等），并组织召开土地经营户全体会议，确定家庭农场最终经营者；由村委会与家庭农场经营者签订土地承包合同（承包期限一般为1~3年），并收取租金。从对家庭农场监管机制看，一方面，制定严格的考核标准和方式，对家庭农场进行监管。规定家庭农场要服从镇、村安排的种养计划，结合农技部门要求的生产技术和田间管理标准实施种养管理，如连续两次考核不合格或连续三次考核为基本合格，取消家庭农场资格，并由经营者承担所有损失。另一方面，加强对家庭农场经营者的培训（家庭农场资格证书培训、农机操作培训、种养技术培训等），推进机农一体、种养结合家庭农场发展，保障家庭农场经营结构的多样化。从家庭农场退出机制看，通过制定《关于进一步规范家庭农场发展的意见》等相关政策，规定家庭农场承包期至少为3年，并延长种养结合、机农一体家庭农场承包期至5年以上。

在金融支持上，积极建立与完善农业保险制度，大力改善家庭农场的融资环境。一方面，加强针对家庭农场的农业保险险种探索工作。由政府承担家庭农场农业保险相关费用，解除家庭农场经营者后顾之忧，提高家庭农场经营者生产积极性，为家庭农场的快速发展提供政策保障。另一方面，加大信贷供给，缓解家庭农场融资难的问题。政府出资5000万元建立家庭农场贷款担保基金为其提供贴息贷款扶持，对家庭农场申报的优秀农业发展项目进行优先立项，并在农田生产设施和信息服务设施方面给予优先安排。

在政策补贴上，除给予家庭农场种粮直补、良种补贴、农药补贴、农资综合补贴等各项常规补贴外，还针对家庭农场经营者发放每亩200元的额外土地流转补贴。通过制定《松江区家庭农场奖励实施办法》，将补贴调整为生产经营管理考核奖励，激励家庭农场积极参与高产创建、开展秸秆还田、应用机直播、做好日常生产管理。

（二）浙江省的主要做法

在土地流转方面，浙江省通过土地流转信息化建设，提高土地流转效率。建立区级土地流转信息平台，指导规范流转合同，协调处理土地承包矛盾纠纷，收集发布流转信息，并逐步探索土地流转双方的价格机制、利益联结机制和纠纷调解机制，促进土地流转的信息对称、关系稳定和集中连片。以海盐县和衢江区为例，海盐县早在2009年就成立了浙江首家县级农村土地流转和产权交易服务中心，并自上而下建立了县、镇、村三级土地流转服务平台。衢江区通过提高乡镇队伍素质，采取配备村级信息员等一系列措施，大力推进区、乡、村三级土地流转信息网络建设；2013年1月至5月，全区新增土地流转面积6500亩，收集发布流转信息（流入户、流出户）信息220条，签订规范土地流转合同89份。

在家庭农场的管理方面，浙江省将规范化管理思想贯穿到家庭农场建设与发展各个环节。在家庭农场建设初期和家庭农场注册认定过程中，严格按照农、林、牧、渔等不同类型家庭农场在注册、土地、人员、规模、收益、档案以及带动效应等方面的规范化要求进行相关工作。在家庭农场发展过程中，对示范性家庭农场实施动态管理、优胜劣汰的监管措施。以杭州市为例，通过出台《杭州市示范性家庭农场认定管理办法（试行）》，强制建立市级示范性家庭农场档案，规定要对示范性家庭农场每年进行一次复查，由杭州市农办会同有关部门对不合格家庭农场进行检查，并提出不合格家庭农场的处理意见。

在家庭农场服务方面，浙江省海盐县为家庭农场开通工商注册登记“绿色通道”，提供一站式登记服务；同时，提供保险业务协办接洽服务，由联合会指定专人提供保险业务的咨询和接待工作，方便家庭农场经营者办理对应的保险业务；此外，开展统防统治、劳务输出、农机供给、耕种收割、测土配方、供肥施肥等一系列社会化服务，由联合会的有关会员单位为家庭农场开展全程技、物结合服务。浙江省衢江区则通过简化用地审批手续等方式提高服务效率。在进行家庭农场生产用地审批时，只需签订复耕承诺书，并交纳复耕保证金就可办理。用地规模在300平方米以下的生产设施用地由区政府委托乡镇（办事处）审批，300平方米以上的生产设施用地采取“受理、踏勘、会审”的审批方式，召开联审联签会议，做到一月一批。而对于重点项目，可根据“一事一议”原则随时进行会审。

在金融支持方面，浙江省一是通过建立家庭农场信用评定机制，将家庭农场纳入农信系统信用建设范畴，结合家庭农场特点，开展家庭农场信用评价工作，并及时健全属地内家庭农场信用档案，制定并落实家庭农场融资信用机制。二是实施优惠政策，对从事“米袋子”“菜篮子”和当地主要农产品生产的家庭农场，给予重点支持；同时，加大信贷利率优惠力度，对于示范性、信用等级较高的家庭农场给予利率优惠，并适当减免家庭农场贷款各项费用。三是改善服务方式，面向家庭农场办理丰收小额贷款和丰收创业，推进农信金融服务点进驻村级便民服务中心，设立助农取款服务点，并大力推广农村非现金支付工具。

（三）吉林省的主要做法

吉林省家庭农场的探索始于吉林延边，作为全国首批家庭农场试点地区之一，自2010年以来，吉林延边家庭农场发展取得了丰硕的成果。截至2013年底，吉林省家庭农场数量达到21508家，可以说吉林省，特别是延边地区的实践经验对湖北省家庭农场发展颇具借鉴意义。

在家庭农场服务方面，吉林省通过建立家庭农场服务指导站专门为家庭农场提供相应服务。服务指导站在业务上接受工商行政管理部门的指导，主要承担以下五大职责：一是帮助农民兴办家庭农场，指导完善土地流转合同及家庭农场的规章制度；二是帮助培训各类家庭农场管理人员，协调和联系外出学习、考察等事宜；三是引进先进技术和管理经验，帮助家庭农场销售产品或服务项目；四是负责辖区内家庭农场基础建设及日常统计、汇总等工作；五是积极宣传贯彻落实有关家庭农场发展的法律、法规和政策。2013年，吉林省第一家由工商部门组织的家庭农场服务指导站在双辽市双山镇挂牌成立，服务指导站聘请了双山镇下辖6个乡镇的民营助理为对接联络员，负责宣传家庭农场建设的相关政策，引导进行家庭农场申办，了解辖区家庭农场基本情况，收集辖区家庭农场供需信息，并与工商部门随时保持联系、及时沟通，为家庭农场开通方便、快捷的服务“绿色通道”。

在金融支持方面，2012年吉林省延边州开始根据自身条件尝试一种新型的土地收益保证贷款融资模式：要求在不改变土地所有权性质和农业用途的前提下，遵照自愿原则，由家庭农场将土地承包经营权转让给政府成立的公益性平台公司，并与其签订经营转让合同；再由公司将土地流转给家庭农场进行管理和经营，并向金融机构出具愿意与家庭农场共同偿还借款的承诺；最后由金融机构按照统一的贷款利率，向家庭农场提供贷款。该模式不仅简单易行、利率优惠，而且风险可控，服务也十分便利。与传统贷款模式相比，该模式通过政府成立的非营利中介组织给予金融机构共同还款承诺，降低金融机构贷款发放风险；解决家庭农场由于抵押物不足，难以达到银行贷款条件，无法获得足够额度贷款的问题；增强家庭农场获得贷款的可能性。统计数据显示，这一新模式实施以来，已经累计发放32笔贷款，共计1132万元，占延边全部家庭农场贷款的57%，在一定程度上缓解了家庭农场融资困难的难题。此外，农业银行延边州分行、农村商业银行、农村信用社还制订和出台了《家庭农场贷款管理试行办法》，探索出用林地使用权、林木所有权、大型农机具、农村住房及宅基地作为抵押物的家庭农场贷款模式。

在保险支持方面，2011年吉林省延边州政府出台了《关于做好专业农场政策性农作物保险试点工作的实施意见（试行）》。在这份文件当中，延边州政府专门提出要设立专业农场土地承租费成本保险，支持家庭农场发展。此项保险为附加险，其具体操作模式为：针对水稻和旱地玉米，在原有每公顷 4000 元和 3000 元保额的基础上，为保障农场经营风险，再额外增加 3000 元和 2000 元的保额，并由州、县市和家庭农场经营者共同承担增加部分的保费。截至 2012 年底，州政府共承担此项保费 118.5 万元，对提高家庭农场经营者农险参保积极性的作用明显。

在法律制度方面，吉林延边的家庭农场发展已经纳入地方立法保障范畴。2012 年，延边州人大常委会把《延边朝群族自治州促进专业农场发展条例》（以下简称《条例》）纳入立法工作计划，并成立了立法工作机构。通过广泛征求意见和近一年的研究论证，《延边朝鲜族自治州促进专业农场发展条例（草案）》在延边州第十四届人民代表大会上获得通过，并已经根据程序上报吉林省人大常委会批准。《条例》结合自治州实际，为促进土地流转，发展家庭农场，维护农民和家庭农场合法权益，提供了制度和法律依据。

二、国内部分省市发展家庭农场的启示

（一）创新土地流转机制，完善土地流转制度

在土地流转监管方面，上海通过创新土地流转方式，以村委会为中介，加强对土地流转行为的监管，提高土地流转效率。而浙江则是通过搭建土地流转信息平台的方式，整合土地流转信息，改变以往土地流转分散和无序状态，监管和规范土地流转行为，提高农户和家庭农场主土地经营权交易的积极性。特别值得关注是，尽管上海和浙江的土地流转监管方式有所差异，但实质上都是通过规范土地流转行为，解决自发土地流转过程中因交易零散而出现的信息不对称问题。在土地经营权出让农户利益保障方面，土地的流转过程，不仅关系到家庭农场的利益，也涉及土地经营权出让方的利益。只有兼顾双方的利益，才有助于土地流转的顺利进行，进而确保家庭农场的有序发展。吉林延边以立法的形式，通过《条例》规定了出让土地经营权后，农户进城定居所享有的权利，解决了农户的后顾之忧，确保了土地流转的顺利进行。

（二）引入信用评价机制，创新家庭农场抵押贷款模式

一方面，引入信用中介机构对家庭农场进行信用等级评定，客观评估家庭农场的还贷能力，降低金融机构发放贷款的风险；另一方面，扩大家庭农场贷款抵押担保物范围，增强家庭农场贷款能力。吉林省延边就将土地承包经营权、林地使用权、林木所有权、大型农机具、农村住房和宅基地视为抵押物，推出了专门针对家庭农场的抵押贷款模式。

（三）健全家庭农场监管制度，实现家庭农场规范化管理

对家庭农场认定登记的操作流程做出详细规定，提高家庭农场登记流程的透明度，降低政府相关职能部门以及社会主体的监督难度。同时，通过定期考核和随时抽查经营状况

相结合的方式，对家庭农场经营资格进行审定，监督家庭农场的实际运作，并对经营状况良好的家庭农场进行奖励，对未达到要求的家庭农场，取消其家庭农场认定资格。此外，借助不同渠道对家庭农场经营者进行指导和培训，提高家庭农场经营者经营管理能力。

第六节　加快推动家庭农场发展的政策建议

为进一步推动湖北省家庭农场发展，加大家庭农场建设力度，提高家庭农场建设实效，我们提出如下政策建议：

一、完善家庭农场认定标准

一是以家庭农场的人均总收入为标准，对家庭农场经营目标进行考核。家庭农场是一个追求家庭收入最大化的农业经营主体，与小农经营主体追求家庭消费效用最大化和农业企业单纯追求利润最大化不同，家庭农场通过适度规模经营、合理使用现代农业要素和采用专业化生产方式等手段，在优化家庭资源配置的前提下，实现家庭农场要素收入效用和消费效用最大化。家庭农场虽然追求消费效用最大化，但其最终目的是为实现家庭农场的收入最大化服务。家庭农场尽管也追求利润最大化，但与农业企业的强规模经济偏好相反，家庭农场采取适度规模经营模式，通过对现有资源的高效整合，实现要素收入效用和消费效用的优化组合，其最终目的仍是为实现家庭收入的最大化服务。

建议，在对家庭农场资格进行认定时，将家庭农场的人均总收入作为家庭农场认定标准进行考查；同时，为充分发挥家庭农场的经营优势，激发家庭农场的经营动力，以高于同年全省农民人均总收入的四倍以上为标准进行考核，并对连续三年未达到考核达标的家庭农场，取消其家庭农场的认定资格。

二是以经营结构和具体种养产品种类确定家庭农场经营规模。土地经营不存在明确的最优规模界限和生产模式，不同规模家庭所拥有的广义资本、技术与农地可能存在量与质差别，但只要在配置家庭资源时，坚持生产要素最优匹配原则、土地边际收益和边际成本原则，那么此类从事农业经营的家庭就可能成为家庭农场。从家庭农场的整体发展历程看，家庭农场的经营规模都会经历一个由小到大演化过程，但不同规模家庭农场土地产出率总体上却趋同，这种趋同是既定制度条件、家庭禀赋、土地规模和生产经营模式共同作用的结果。目前，湖北农业正处于农村劳动力大规模进入非农领域、农村人口自然增长明显放缓和农业生产结构转型三大历史性变迁的交汇阶段，不同规模、级别与技术含量家庭农场的出现，使得湖北家庭农场经营既有现代的也有传统的，既有先进的也有落后的，既有劳动密集的也有资本密集的。

建议，在对家庭农场经营规模进行认定时，根据家庭农场种养结构（单一种养、种养混合、循环农业），结合具体种养产品的品种，对家庭农场经营规模是否适度的界定标准进行考量。可参考《2011年家庭农场申请财政补贴项目指南》中种植业家庭农场、水产业家庭农场、种养综合型家庭农场的规模标准以及循环农业型家庭农场的畜禽养殖标准、循环农业标准，进行湖北省家庭农场经营规模认定标准的制定。

三是以技术水平衡量家庭农场经营者的经营资格。在湖北省积极推动城镇化发展的背景下，家庭农场经营者多属于农村富裕阶层，“农闲城镇定居，农忙乡村工作”是生活常态；而且真正达到一定经营规模的农场，其经营者大都没有农村户籍。显然，以农村户籍作为家庭农场经营者资格的认定指标，缺乏科学性与合理性。

建议，在对家庭农场经营者资格进行认定时，可借鉴国外家庭农场主资格认定经验，取消农村户籍这一刚性指标，从家庭农场经营者的农业技能和农业经营能力方面对经营资格进行认定；制定从业资格证书考核机制，对家庭农场经营者进行统一教育培训和组织考试，对考试合格者颁发资格证书，并对资格证进行年审，年审不合格的家庭农场经营者要进行重新学习和考试。

二、加强家庭农场服务体系建设

一是打破现有区划标准，做好面向家庭农场的服务体系顶层设计。一是将以行政区划为标准改为以农业产业区划为标准，着眼湖北省种植业（水稻、小麦、玉米、马铃薯、棉麻、油料、蔬菜、果、茶等）、畜牧业（猪、牛、鸡、鸭、羊、蜂等）、水产业（出口优势水产品、特色水产品）以及农产品加工业整体的布局，结合不同产业的具体服务需求，进行面向家庭农场的农业产业社会化服务体系设计。二是根据农业产业区划需求，根据全省“两圈一带”总体发展战略要求，以政府为主导，综合考虑武汉城市圈“两型”农业试验区、鄂西特色生态农业区与沿江优势农业带三大区域所处自然环境、农业发展基础以及区位条件，进行服务机构布局和人员配置。三是在突出区域内服务体系建设的同时，设计并建立区域间家庭农场服务供给的协调联动机制，应对区域内家庭农场服务需求的局部变化。四是做好基础设施建设规划，加强乡镇级服务站点建设，加快农业信息数据库和传播系统建设，为向家庭农场提供高效服务创造条件。五是要充分利用现代信息技术的无限传播能力，借助互联网、广播电视、语音电话、手机短信、期刊、中介组织以及专业协会等媒介，通过科技下乡、科技培训等方式，建立线上、线下相结合的服务模式。六是制定激励政策，引导和刺激企业、个人等社会化服务主体为家庭农场提供服务。七是研究出台服务价格标准，规范服务定价，让服务买卖更透明。

二是明确各类涉农主体职责，强化面向家庭农场的服务动力。一是明确政府职责。运用政府的资源协调和行政执行能力，一方面要通过制定和实施相关政策、法律和法规，规范家庭农场服务市场秩序，维护家庭农场以及各服务主体的合法权益，确保公益性服务机构的高效运行；另一方面要通过加大对建设周期长、资金投入大、建设回报低的基础性设施财政支持力度，为家庭农场服务供给提供基础性保障。二是明确涉农企业、事业单位的职责。一方面要发挥涉农企业的服务专业化和市场化推动作用，涉农企业不能只管卖产品，更应在进行农产品销售的同时肩负起种养技术服务、施肥服务、植保服务等职责；另一方面要发挥事业单位的农业科研优势，事业单位不能光顾着进行技术研究、科技攻关和农业科研与专业技术人才培养，也应为技术推广和成果应用提供合适的产品和服务。三是鼓励农业专家有偿开展线上、线下咨询服务，形成透明的家庭农场生产技术咨询服务市场。四是鼓励和支持龙头企业、农民专业合作社、乡镇农资店、职业经理人向家庭农场提供服务，建立互惠服务机制，充分发挥各类主体的桥梁作用，打通家庭农场与大市场间信息和物资的交流渠道。

三是结合农业产业链和农业区块服务需求，丰富和完善家庭农场服务供给内容。一是分区域建设种养示范基地，发挥示范基地的辐射和带动作用。一方面以基地为样本对服务供给模式（服务内容、供给方式、供给途径等）进行探索；另一方面满足区域内家庭农场经营者现场参观和学习模仿的需要。二是生产合适的服务产品，满足家庭农场经营者好学、易学、能用、好用的需求。三是做好服务基础设施建设。对于能够提供跨区域服务的投资长、成本高以及效益低的一些基础设施项目，如乡村仓储设施，可以考虑政府出资、政府所有、企业经营的思路。这样一方面可以尽快实现丰富家庭农场服务供给内容的目的；另一方面也可以防止企业投机行为的出现（用政府补贴建成验收后，因土地升值进行转让，获取土地增值收益）。四是做好引进与外联工作。对于非本地区农业主导产业的服务需求，要合理利用市场机制，引导和吸引其他区域的服务主体向本地区家庭农场提供跨区域服务，弥补本区域服务供给的不足。

四是依托农业产业信息公共服务平台，打通家庭农场服务供需信息互通渠道。一是制定信息标准。因农业产业习惯大于科学体系分类，必须制定出一套信息标准（包括基础分类、名词定义等），并以此为基础建立信息共享机制。二是做好架构设计。农业产业的复杂性决定了涉农主体和服务内容的复杂性，信息平台的设计是否完整，能否满足家庭农场个性化的服务需求，是框架设计的关键。三是设计良好的动力机制。要以市场为导向，以需求为动力，在充分考虑各类主体的参与动机的前提下，构建“我为人人，人人为我”的信息共享机制。四是构建扁平化的运行机制，形成高效的运行模式和层级结构。传统家庭农场服务体系运行效率低、成本高的缺点，是使家庭农场建设面临诸多问题的重要原因。构建新型家庭农场服务体系，就是要在打破原有服务体系的基础上，充分利用现代信息技术，实现扁平化的信息流和物流，更好地为家庭农场发展提供服务。五是建立有效的保障机制。在政府主导下制定家庭农场服务体系的运行规则，构建“个体向社会承诺，全民按承诺监督”的市场约束机制。鼓励、支持家庭农场维权行为，加大执法力度和处罚力度，曝违纪者的光，使其无处藏身，处违纪者的产，使其无力而为，以此保障整个家庭农场服务体系的健康发展。

三、提高家庭农场经营者综合素质

发展家庭农场，推进土地适度规模经营是一个复杂的系统工程。在激烈的市场竞争中，不断提高家庭农场经营者的综合素质，是改造传统农业、壮大家庭农场的重要方面。要想提高家庭农场经营者的综合素质，必须加强对家庭农场经营者的素质教育：一是加强对家庭农场经营者的思想教育。使农场主克服“重农轻商”“重产轻销”的思想观念，深化农产品价格体系和农村流通体制的改革，建立和完善农副产品市场营销体系，确立市场导向观念，突出市场经济中的诚信教育。二是加强农村基础教育，努力提高农村人口的文化素质，进一步改善农村基础教育的办学条件，并寻求渠道解决农村教育经费不足的问题，把农村基础教育与农村社会经济实际结合起来。三是加强对家庭农场经营者的农技培训。根据农村产业结构调整和农村产业化发展的需要，组织学习先进实用技术，广泛开展多层次、多渠道、多形式的科技培训和科技推广，提高家庭农场经营者的农技水平。四是加强家庭农场经营者的职业教育。目前，我国职业教育的重心在城市，为了适应农村经济的快速发展，应逐步把职业教育的重心下移，大力发展农村职业技术教育，培养一批有文化、懂技术、善经营、会管理的家庭农场经营者，并在此基础上开展文化教育、思想道德教育、法治教育，进一步提高农场经营者的综合素质。

四、加大对家庭农场的扶持力度

在资金支持方面，通过提高对家庭农场借贷资金的贴息比率，减轻其借贷压力，并以“优惠贷款”或者“专项资金”等形式向家庭农场提供资金支持。同时，在保障国家和各地核定的农业补贴、补助、开发资金、奖励资金和贷款以外，建立和完善农业风险保障制度和农产品最低收购价制度，降低家庭农场经营的自然风险和市场风险，保障家庭农场经营者权益。

在税收政策方面，对新注册登记的家庭农场实行税收减免政策，并对农场自产自销的农副产品实行更高的税收减免优惠。在基础设施建设方面，农业、水利、国土、交通等部门要针对家庭农场发展需要，优先安排重点项目，为家庭农场发展创造一个较好的外部环境。

在奖励政策方面，对创办家庭农场的个人或组织，实行“以奖代补”政策，对发展速度快、经营规模大、经济效益好的家庭农场给予重点扶持，并鼓励其与农业龙头企业、专业合作社进行联合经营。

第三章　现代生态农业

第一节　生态农业概述

一、生态农业的基本内涵

（一）生态农业的概念

生态农业是当今世界人类在面临粮食缺乏挑战下提出的新观念，最早是由美国密苏里大学威廉·奥伯特于1971年提出来的。生态农业是指充分利用物质循环再生的原理，合理安排物质在系统内部的循环利用和重复利用，来替代石油能源或减少石油能源的消耗，以实现尽可能少的投入，生产更多的产品，是一种高效优质农业。发展生态农业的主要目的是：提高农产品的质和量，满足人们日益增长的需求；使生态环境得到改善，不因农业生产而破坏或恶化环境；增加农民收入。

（二）生态农业与现代农业

根据农业发展历程中的经济、社会和科学技术发展水平，农业发展可分为原始农业、传统农业和现代农业。

现代农业是广泛应用现代科学技术为主要标志的农业，主要是相对于传统农业而言。现代农业强调的是高能源投入、高度机械化、高度社会化运作及经济效益最大化，在发展过程中对生态环境产生过不同程度的破坏。

生态农业强调农业发展是对生态环境的保护，是现代科技与传统经验的结合，现在国内打造生态农业产业园就是从人和自然和谐的角度出发，避免因急功近利导致经济效益与生态效益失衡，最终影响整个效益。

（三）生态农业与绿色农业、有机农业

生态农业包括绿色农业和有机农业。

1. 绿色农业。绿色农业是指按照规定有限度地使用化肥、农药、植物保护剂等化学合成物的农业生产方式，产出的是有助于公众健康的无污染产品。

2. 有机农业。有机农业则不使用任何化肥、农药、饲料添加剂等化学合成物，也不采用转基因工程获得的生物及其产物。

绿色农业是要求有所放宽的生态农业，而有机农业是要求更为严格的生态农业。

二、生态农业的特征

（一）综合性

生态农业强调发挥农业生态系统的整体功能，以大农业为出发点，遵循“整体、协调、循环、再生”的原则，全面规划、调整和优化农业结构，使农、林、牧、副、渔各业和农村第一、第二、第三产业综合发展，并使各产业之间相互支持，相得益彰，提高综合生产能力。

（二）多样性

生态农业针对我国地域辽阔，各地自然条件、资源基础、经济与社会发展水平差异较大的情况，充分吸收我国传统农业精华，结合现代科学技术，以多种生态模式、生态工程和丰富多彩的技术类型装备农业生产，使各区域都能扬长避短，充分发挥地区优势，各产业都依据社会需要与当地实际协调发展。

（三）高效性

生态农业通过物质循环和能量多层次综合利用和系列化深加工，实现经济增值，实行废弃物资源化利用，降低农业成本，提高效益，为农村大量剩余劳动力创造农业内部就业机会，保护农民从事农业的积极性。

（四）持续性

发展生态农业能够保护和改善生态环境，防治污染，维护生态平衡，提高农产品的安全性，变农业和农村经济的常规发展为持续发展，把环境建设同经济发展紧密结合起来，在最大限度地满足人们对农产品日益增长的需求的同时，提高生态系统的稳定性和持续性，增强农业发展后劲。

第二节 生态平衡与生态环境保护

一、生态平衡

（一）生态平衡的概念

生态平衡是指地球上的所有事物平衡、可持续地发展，包括地球上的所有物种、资源等，但一般指的是人与自然环境的和谐相处。

（二）生态失衡的原因

破坏生态平衡的因素有自然因素和人为因素。自然因素包括水灾、旱灾、地震、台风、山崩、海啸等。由自然因素引起的生态平衡破坏，称为第一环境问题。人为因素是生态平衡失调的主要原因。由人为因素引起的生态平衡破坏，称为第二环境问题。

（三）人为因素导致生态平衡的表现

1. 使环境因素发生改变。首先是人类的生产活动和生活活动产生大量的废气、废水、废物，不断排放到环境中，使环境质量遭到恶化，产生近期或远期效应，使生态平衡失调或破坏。其次是人类对自然资源不合理的利用，譬如盲目开荒、滥砍森林、草原超载等。

2. 使生物种类发生改变。在生态系统中，盲目增加一个物种，有可能使生态平衡遭受破坏。例如，美国于 1929 年开凿的韦兰运河，把内陆水系与海洋沟通，导致八目鳗进入内陆水系，使孵鱼年产量由 2000 万千克减至 5000 千克，严重地破坏了水产资源。在一个生态系统中减少一个物种，也有可能使生态平衡遭受破坏。我国 20 世纪 50 年代曾大量捕杀过麻雀，导致一些地区虫害严重。究其原因，就是由于害虫的天敌麻雀被捕杀，害虫失去了自然抑制因素。

3. 信息系统的破坏。生物与生物之间彼此靠信息联系，才能保持其集群性和正常的繁衍。人为向环境中施放某种物质，干扰或破坏了生物间的信息联系，就有可能使生态平衡失调或遭受破坏。例如，自然界中有许多雌性昆虫靠分泌释放性外激素引诱同种雄性成虫前来交尾，如果人们向大气中排放的污染物能与之发生化学反应，则性外激素就失去了引诱雄虫的生理活性，结果势必影响昆虫交尾和繁殖，最后导致种群数量下降甚至消失。

二、生态环境问题

当前，我国农业生态环境面临着诸多问题，概括来讲主要包括四方面。

（一）水土流失严重，土地荒漠化面积呈扩大趋势

仅黄河流域年流失土壤达 8 亿吨；我国有荒漠化土地 262 万平方千米；耕地退化面积占到耕地总面积的 40% 以上；耕地侵占草地、草地超载过牧加剧了草地退化；草地退化、建设占用导致草地减少，生态涵养功能降低，进一步加剧水土流失。

（二）土地污染、耕地质量下降

全国有 330 万公顷耕地受到中、重度污染；年化肥使用量 5800 万吨、农药使用量 180 万吨、农用膜使用量 220 万吨；每年因重金属污染减产粮食 1000 多万吨、受重金属污染粮食 1200 万吨，直接经济损失超过 200 亿元。

（三）水资源紧缺，水污染严重

地下水过度开采使华北平原20万平方千米范围成地球上最大漏斗；黄土高原干旱、半干旱地区缺水少雨，土地干裂、板结；用污染水灌溉农田致土地污染最终导致土地更加贫瘠。

（四）自然环境生物多样性减少

村民用潜水泵从河流、池塘、沟渠乱取水或无节制取水，枯水季竭泽而渔，捕鱼捉虾，使水系的水生动植物多样性急剧减少。

三、生态环境保护

农业生态环境保护的基本任务如下。

（一）开发利用和保护农业资源

要按照农业环境的特点和自然规律办事，宜农则农，宜林则林，宜牧则牧，宜渔则渔，因地制宜，多种经营，切实保护好我国的土地资源，建立基本农田保护区，严禁乱占耕地。加强渔业水域环境的管理，保护我国的渔业资源。建立不同类型的农业保护区，保护名、特、优、新农产品和珍稀濒危农业生物物种资源。

（二）防治农业环境污染

防治农业环境污染，是指预防和治理工业（含乡镇工业）废水、废气、废渣、粉尘、城镇垃圾和农药、化肥、农膜、植物生长激素等农用化学物质等对农业环境的污染和危害；保障农业环境质量，保护和改善农业环境，促进农业和农村经济发展的重要措施，也是农业现代化建设中的一项任务。

1. 防治工业污染。严格防止新污染的发展。对属于布局不合理，资源、能源浪费大的，对环境污染严重，又无有效的治理措施的项目，应坚决停止建设；新建、扩建、改建项目和技术开发项目（包括小型建设项目），必须严格执行“三同时”的规定；新安排的大、中型建设项目，必须严格执行环境影响评价制度；所有新建、改建、扩建或转产的乡镇、街道企业，都必须填写“环境影响报告表”，严格执行“三同时”的规定；凡列入国家计划的建设项目，环境保护设施的投资、设备、材料和施工力量必须给予保证，不准留缺口，不得挤掉；坚决杜绝污染转嫁。

抓紧解决突出的污染问题。当前要重点解决一些位于生活居住区、水源保护区、基本农田保护区的工厂企业污染问题。一些生产上工艺落后、污染危害大、又不好治理的工厂企业，要根据实际情况有计划地关停并转。要采取既节约能源，又保护环境的技术政策，减轻城市、乡镇大气污染。遵循“谁污染，谁治理”的原则，切实担负起治理污染的责任；要利用经济杠杆，促进企业治理污染。

2. 积极防治农用化学物质对农业环境的污染。随着农业生产的发展，我国化肥、农药、农用地膜的使用量将会不断增加。必须积极防治农用化学物质对农业环境的污染。鼓励将秸秆过腹还田，多施有机肥，合理施用化肥，在施用化肥时要求农民严格按照标准科学合理地施用。提倡生物防治和综合防治，严格按照安全使用农药的规程科学，合理施用农药，严禁生产、使用高毒、高残留农药。鼓励回收农用地膜，组织力量研制新型农用地膜，防治农用地膜的污染。

（三）大力开展农业生态工程建设

保护农业生态环境，积极示范和推广生态农业，加强植树造林，封山育林育草生态工程，防治水土流失工程和农村能源工程的建设，通过综合治理，保护和改善农业生态环境。

（四）生物多样性保护

加强保护区的建设，防止物种退化，有步骤、有目标地建设和完善物种保护区工作，加速进行生物物种资源的调查和摸清濒危实情，在此基础上，通过运用先进技术，建立系统档案等，划分濒危的等级和程度，据此采取不同的保护措施，科学地利用物种，禁止猎杀买卖珍稀物种，允许有计划地进行采用，不断繁殖，扩大种群数量和基因库，发掘野生种，培育抗逆性强的动植物新品种。

第三节 生态农业与经济效益

一、生态畜牧业

（一）生态畜牧业概述

1. 生态畜牧业的概念。生态畜牧业是指运用生态系统的生态位原理、食物链原理、物质循环再生原理和物质共生原理，采用系统工程方法，并吸收现代科学技术成就，以发展畜牧业为主，农、林、草系统工程方法，并吸收现代科学技术成就，以发展畜牧业为主，农、林、草、牧、副、渔因地制宜，合理搭配，以实现生态、经济、社会效益统一的畜牧业产业体系，它是技术畜牧业的高级阶段。

生态畜牧业主要包括生态动物养殖业、生态畜产品加工业和废弃物（粪、尿及加工业产生的污水、污血和毛等）的无污染处理业。

2. 生态畜牧业的特征。

生态畜牧业是以畜禽养殖为中心，同时因地制宜地配置其他相关产业（种植业、林业、无污染处理业等），形成高效、无污染的配套系统工程体系，把资源的开发与生态平衡有机地联系起来。

生态畜牧业系统内的各个环节和要素相互联系、相互制约、相互促进，如果某个环节和要素受到干扰，就会导致整个系统的波动和变化，失去原来的平衡。

生态畜牧业系统内部以“食物链”的形式不断地进行着物质循环和能量流动、转化，以保证系统内各个环节上生物群的同化和异化作用的正常进行。

在生态畜牧业中，物质循环和能量循环网络是完善和配套的。通过这个网络，系统的经济值增加，同时废弃物和污染物不断减少，以实现增加效益与净化环境的统一。

（二）生态畜牧业的生产模式

根据规模和与环境的依赖关系，现代生态畜牧业分为综合生态养殖场和规模化生态养殖场两种生产模式。

1. 综合生态养殖场生产模式。该模式特征是以畜禽动物养殖为主，辅以相应规模的饲料粮（草）生产基地和畜禽粪便消纳土地，通过清洁生产技术生产优质畜产品。根据饲养动物的种类可分为以生猪为主的生态养殖场生产模式，以草食家畜（牛、羊）为主生态养殖场生产模式，以禽为主的生态养殖场生产模式和以其他动物（兔、貂）为主的生态养殖场生产模式技术组成。

（1）无公害饲料基地建设。通过饲料（草）品种选择、土壤基地的建立，土壤培肥技术，有机肥制备和施用技术，平衡施肥技术，高效低残留农药施用等技术配套，实现饲料原料清洁生产目的。无公害饲料主要包括禾谷类、豆科类、牧草类、根茎瓜类、叶菜类、水生饲料。

（2）饲料及饲料清洁生产技术。结合动物营养学，应用先进的饲料配方技术和饲料制备技术，根据不同畜禽种类、长势进行饲料配方，生产全价配合饲料和精料混合饲料。作物残体（纤维性废弃物）营养价值低，或可消化性差，不能直接用作饲料，但是如果将它们进行适当处理，即可大大提高其营养价值和可消化性。目前，秸秆处理方法有机械（压块）、化学（氨化）、生物（微生物发酵）等处理技术。国内应用最广的是青贮和氨化。

（3）养殖及生物环境建设。畜禽养殖过程中利用先进的养殖技术和生物环境建设，达到畜禽生产的优质、无污染，通过禽畜舍干清粪技术和疫病控制技术，使畜禽生长环境优良，无病或少病发生。

（4）固液分离技术和干清粪技术。对于水冲洗的规模化畜禽养殖场，其粪尿采用水冲洗方法排放，既污染环境浪费水资源，也不利于养分资源利用。采用固液分离设备首先进行固液分离，固液部分进行高温堆肥，液体部分进行沼气发酵。同时为减少用水量，尽可能采用干清粪技术。

（5）污水资源化利用技术。采用先进的固液分离技术分离出液体部分在非种植季节进行处理达到排放标准后排放或者进行蓄水贮藏，在作物生产季节可以充分利用污水中水肥资源进行农业灌溉。

（6）有机肥和有机无机复混肥制备技术。采用先进的固液分离技术、固体部分利用高温堆肥技术和设备，生产优质有机肥和商品化有机无机复混肥。

（7）沼气发酵技术。利用畜禽粪污进行沼气和沼气肥生产，合理地循环利用物质和能量，解决燃料、肥料、饲料矛盾，改善和保护生态环境，促进农业全面、持续、良性发展，促进农民增产增收。

2. 规模化生态养殖场生产模式。该模式特点是以大规模畜禽动物养殖为主，但缺乏相应规模的饲料粮（草）生产基地和畜禽粪便消纳土地场所，因此需要通过一系列生产技术措施和环境工程技术进行环境治理，最终生产优质畜产品。根据饲养动物的种类可以分为规模化养猪场生产模式、规模化养牛场生产模式、规模化养鸡场生产模式。技术组成如下：

（1）饲料及饲料清洁生产技术。根据动物营养学，应用先进的饲料配方技术和饲料制备技术，根据不同畜禽种类、长势进行饲料配方，生产全价配合饲料和精料混合饲料。作物残体（纤维性废弃物）营养价值低，或可消化性差，不能直接用作饲料。但如果将它们进行适当处理，即可大幅提高其营养价值和可消化性。目前，秸秆处理方法有机械的（压块）、化学的（氨化）、生物的（微生物发酵）等处理技术。国内应用最广的是青贮和氨化。

（2）养殖及生物环境建设。生态生产的内涵就是过程控制，畜禽养殖过程中利用先进的养殖技术和生物环境建设，达到畜禽生产的优质、无污染，通过禽畜舍干清粪技术和疫病控制技术，使畜禽生长环境优良，无病或少病发生。

（3）固液分离技术。对于水冲洗的规模化畜禽养殖场，其粪尿采用水冲洗方法排放，既污染环境又浪费水资源，也不利于养分资源利用。采用固液分离设备首先进行固液分离，固体部分进行高温堆肥，液体部分进行沼气发酵。同时为减少用水量，尽可能采用干清粪技术。

（4）污水处理与综合利用技术。采用先进的固液分离技术、液体部分利用污水处理技术如氧化塘、湿地、沼气发酵以及其他好氧和厌氧处理技术在非种植季节进行处理达到排放标准后排放。在作物生长季节可以充分利用污水中水肥资源进行农田灌溉。

（5）畜牧业粪便无害化高温堆肥技术。采用先进的固液分离技术，固体部分利用高温堆肥技术和设备，生产优质有机肥和商品化有机无机复混肥。

（6）沼气发酵技术。沼气发酵是生物质能转化最重要的技术之一，它不仅能有效处理有机废物，降低化学需氧量，还有杀灭致病菌，减少蚊蝇滋生的功能。此外，沼气发酵作为废物处理的手段，不仅可以减少能耗，而且可以产生优质的燃料沼气和肥料。

案例：天津宁河规模化肉猪养殖场、上海市郊崇明岛东风规模化生态奶牛场等。

二、生态种植业

近几年来，在土地上大量使用化肥与农药，不但污染了土地和水源，使野生动植物也不断减少，而且还污染了农产品，同时造成一些农产品日益退化，质量下降，色香味越来越差。在这种形势下，一种新的种植方式即“生态种植”便应运而生。

（一）生态种植业概述

1. 农业地域类型。在延续传统种植业，轮作复种、套种的基础上，全国建立的复合种植生态模式包含了山地、低丘、缓坡、旱地、水田、园地、庭院以及江、河、湖、海等所有可能利用的区域资源。主要农业地域类型如下：

（1）河谷农业。河谷农业主要分布在青藏高原地区，以青海的黄河谷地、湟水谷地和西藏的雅鲁藏布江谷地最为典型。青藏高原气候高寒，只有河谷地带由于地势较低，气温较高，无霜期长，降水条件较好，河谷之间的山岭一般都有森林，使谷地土壤的腐殖质较丰富，土壤比较肥沃，热量不易流失，又有河水作为灌溉水源，是山区适宜耕作的地区，河谷地带的农业发达，因此适宜耕作，成为农业发达地带，被称为河谷农业。

（2）灌溉农业。灌溉农业是在干旱半干旱地区，因为降水较少，主要依靠地下水、河流水等水源发展的农业，在我国主要分布在西北地区的河套平原，宁夏平原和河西走廊，主要农作物为春小麦。河套平原和宁夏平原引黄河水，有“塞外江南”之称。河西走廊依靠山地降水和高山冰雪融水。灌溉农业通过各种水利灌溉设施，满足农作物对水分的需要以实现稳产高产，有时还可以培育肥力和冲洗盐碱。因此，灌溉农业是一种能提高土地生产能力、能排能灌、稳产高产的农业。

（3）基塘农业。基塘农业是珠江三角洲人民根据当地的自然条件特点，创造的一种独特的农业生产方式。它是把低洼的地方挖深为塘，饲养淡水鱼；将泥土堆砌在鱼塘四周筑成塘基，在塘基上栽果树、桑树、甘蔗，这种生产结构称为“果基鱼塘”“桑基鱼塘”“蔗基鱼塘”。这种生产方式使农业各环节互相依存、互相促进，形成良性循环。基塘互相促进发展，其中以桑基鱼塘最典型。

（4）立体农业。立体农业又称为层状农业。着重于开发利用垂直空间资源的一种农业形式。立体农业的模式是以立体农业定义为出发点，合理利用自然资源、生物资源和人类生产技能，实现由物种、层次、能量循环、物质转化和技术等要素组成的立体模式的优化。

2. 生态种植业的结构。生态种植业是将现代科学技术应用于传统农业的间、混、套、带等复种，以形成多种作物、多层次、多时序的立体种植结构，这种群体结构能动地扩大对时间、空间、自然资源和社会经济条件的利用率，能产出更多的第一性农产品，进而促进养殖业和农副产品加工业发展，提高农业综合生产能力。立体农业的根本在于：

利用立体空间或三维空间进行多物种共存、多层次配置、多级物质能量循环利用的立体种植、立体养殖和立体种养的一种农业经营方式。

（二）平原立体农业

1. 立体生态农业的技术及经营绩效。立体生态农业的技术精华在于继承了中国传统精耕细作的优良传统，既充分利用光、热、水等资源，提高资源利用效率，又产生一种良好的生物共生的生态环境，使近期效益和持久效益获得了很好的统一。

2. 平原立体农业。

（1）旱地立体农业的模式及技术效果。随着生态农业试点、示范面积的不断扩大，依靠科技不断提高生态农业建设的水平和档次，立体农业有了新的发展和提高，涌现出许多粮粮、粮棉、粮油、粮菜、菜菜、林粮、林菜等相结合的模式。

棉花立体农业模式。该模式主要技术原理及经营效益：在棉花生长前期（自播种至开花）2~3 个月时间，利用棉花未封行前的行间套种一季生长期较短的茄、果及花生、玉米、大蒜等作物，加上冬季蚕豆与蔬菜间作形成复合种植，提高利用效率及综合效益。

草莓—春玉米—夏玉米三熟二套的立体种植模式。该模式适应结构调整发展需要，实行三熟二套，生态效益、经济效益、社会效益显著。春玉米秸秆可用作青贮饲料，发展养殖业；动物粪便经处理还山，实现物质及资源能量多级循环利用，结构优化，粮、果、蔬、饲兼顾，高矮秆作物时空交错、立体种植。不仅提高土地资源利用率，还通过周年生产充分利用温、光、水等气候资源，减少浪费。

（2）稻田养殖立体模式、技术及经营绩效。高标准稻田养殖是一项综合性生态农业技术，充分利用光、热、水、土资源，以“稻—鱼—蟹”和“稻—鱼—虾”两种模式为主，通过人为科学配置“时空”差，采用人工的方法创造稻、鱼、蟹等共生的良好生态系统，在操作上采取统一规划、合理布局，达到理想的生态经济效益。

（三）庭院经济型立体农业的模式

平原立体农业又可分为田地型和庭院型。庭院经济型立体农业是利用住宅的房前屋后、房顶阳台、院落内外的空场隙地及闲置房屋，剩余的劳力资源，尤其是辅助劳力，从事庭院种植业、养殖业和加工业等为内容的生产经营活动。据初步调查统计，全国村镇占地为土地总面积的 15%，其中，可利用部分占 5%，庭院立体农业规模小、投资少，能充分利用空间、劳动力进行集约生产，经济效益和商品率都较高。庭院生态系统可利用的物种非常多，其中，有食用菌、水果、蔬菜、花卉、畜禽、鱼类等，庭院经济型立体农业已成为繁荣城乡市场，振兴农村经济，加速农民致富，丰富城乡居民业余生活的一条重要途径。

庭院经济型立体农业，按照环境条件及种养习惯的不同可分为：以蔬菜为主的庭院型立体种植模式、以果树为主的庭院型立体农业模式、以食用菌为主的庭院型立体农业模式、以畜禽养殖为主的立体农业模式、庭院水体混养模式和庭院立体设施（沼气、生态建筑、多层种养）模式等。

庭院立体农业充分利用房前屋后、院子的空闲地，利用光、热等，通过科学设计，建立庭院立体设施（沼气、生态建筑、多层种养）模式，充分利用了各种资源。非常典型的模式有：

1. 以葡萄、果树等为主的立体种植型庭院经济。葡萄具有生长快、结果早、产量高、占地少，管理方便等特点，同样，果树也具有经济价值高、占地少等优点，很适合庭院栽种。

2. 庭院鸡、猪、沼气、鱼、农作物多级循环型。该模式采用鸡粪喂猪、猪粪进沼气池，沼液喂鱼和塘泥沼渣肥种植农作物的食物链形式，形成物质和能量的多级利用和良性循环生态农业体系，既降低成本，又减少污染，增产效益，效果十分明显。

3. 庭院花木立体种植。随着城乡居民物质生活水平的不断提高，人们对精神文化生活提出了更高、更新的要求，其中观赏和培植花木、花卉已成为一种时尚，城市、乡镇消费量日益增加。前景非常可观。利用庭院的空闲地种植各类花木，不但美化环境，提高土地利用率，而且具有可观的经济、生态效益。

4. 生态住宅。生态住宅以沼气为纽带，将建筑物与种植业、养殖业、能源、环保、生态有机结合并通盘考虑，实现了创新设置。生态住宅基本结构主要由地下、底层、楼层、屋顶 4 部分构成。这种住房冬暖夏凉，"三废"在内部自行消化，既充分利用资源，又改善了环境，实现经济、生态和社会效益的统一。

三、农业生态旅游

近年来，生态旅游蔚然成风，农业生态旅游（其中包括森林生态旅游、海洋生态旅游、种植养殖业生态旅游等）也随之兴起。

（一）农业生态旅游概述

1. 生态旅游的概念。"生态旅游"这个概念出现的时间并不长，它是出于对资源与环境的追求和保护而提出的。

对生态旅游的理解应包括两个方面：一是人们为逃离喧嚣紧张的工作环境，"重返大自然"的一种行动；二是对自然生态系统的保护，对游客行为和数量的控制，同时履行着环境教育功能。生态旅游开始仅局限在对原始森林、纯自然景观或自然保护区等的旅游，现在逐渐扩展到半人工半自然的生态系统范围内。

农业生态旅游是以农村自然环境、农业资源、田园景观、农业生产内容和乡土文化为基础，通过整体规划布局和工艺设计，加上一系列配套服务，为人们提供观光、旅游、休养、增长知识、了解和体验乡村民俗生活，趣味郊游活动以及参与传统项目、观赏特色动植物和自娱等融为一体的一种旅游活动形式。农业生态旅游不仅能使人们在领略锦绣田园风光和清新乡土气息中更贴近自然和农村，增强保护农业生态环境、提高农产品品质的意识，还能促进城乡信息交流和农产品流通，促进农业生产发展和农村生活环境的改善。农业生态旅游是旅游业与农业的有机结合。

2. 生态旅游的特点。农业生态旅游具有可实践性和体验性。与其他旅游形式不同，农业生态旅游可通过直接品尝农产品（蔬菜瓜果、畜禽蛋奶、水产等）或直接参与农业生产与生活实践活动（耕地、播种、采摘、垂钓、烧烤等），从中体验农民的生产劳动和农家生活，并获得相关的农业生产知识和乐趣。

农业旅游资源具有地域多样性和时间动态性。由于生态环境条件和文化传统的差异，不同的区域具有不同的农业生产习惯和土地利用方式，而且农业利用模式也会发生季节变化，农业生产的这种时空变化也会形成相应的农业生态——文化景观。

农业旅游资源还具有一定的可塑性。自然景观和历史古迹一般具有不可移动性和不可更改性的特征，而农业生产在不违背客观规律的前提下，可根据一定的目的对生产要素（如农业物种和关键技术等）进行优化选择、组装配套与集成，而形成有特色的农业生态系统模式。

3. 农业生态旅游的形式。

（1）观光型农业生态旅游。这种旅游形式以“动眼”即以看为主，具体形式包括参观一些具有特色的农业生产景观与经营模式（包括传统的农业生产方式和现代的高科技农业等）或参观乡村民居建筑，或了解当地风土人情及传统文化等。这种旅游活动所需的时间一般较短。

（2）品尝型农业生态旅游。这种旅游形式通常以“动口”为主，即以尝鲜为主要目的。近年来，这种形式日益受到青睐，如有的旅游点让游客亲自到果园或瓜地采摘瓜果，尽情品尝；有的旅游点（如水库、湖泊等旅游地）为游客提供垂钓服务，可就地加工，让游客品尝自己的劳动成果，并可起到陶冶情操、修身养性等作用；有的旅游地为游客提供烧烤野炊场所；有的为游客提供特色风味菜肴和餐饮等。

（3）休闲体验型农业生态旅游。这种旅游形式以“动手”为主，通过实践可学习到一定的农业生产知识，体验农村生活，从中获得乐趣。这种类型形式多样，如游客可参加各种各样的农耕活动学习农作物的种植技术、动物饲养技术、农产品加工技术以及农业经营管理等，或学习农家的特色烹饪技术等。

（4）综合型农业生态旅游。这种旅游形式以“动眼、动耳、动口、动手、动脑”为主，以达到全身心投入之目的。旅游者通过这种形式可充分扮演农民的角色，体验“干农家活、吃农家饭、住农家屋、享农家乐”的乐趣，以获得全身心的愉悦。这种旅游需要的时间一般较长。

（二）生态旅游的经济效益

优美健康的农业生态环境和运行良好的农业生态系统是农业生态旅游的必然要求。因此，开展农业生态旅游有助于提高人们的生态环境意识，有利于农业生态环境的保护，这是符合可持续发展思想的要求，也是顺应当今社会发展潮流的。

同时，农业生态旅游一般将农业生产与旅游活动有机结合在一起，可获得多重经济效益。即使在不利的条件下，二者在经济效益上也可相互补充。例如，由于气候条件的不确定性（如自然灾害等）和市场的不稳定性，常会使农业减产、失收、减效，因此可通过农业旅游来降低农业的风险。另外，在旅游淡季，农业生产又可弥补收入的下降。因此，相对单纯的农业生产或单纯的旅游而言，农业生态旅游具有高效益、低风险的优势。

第四章　现代休闲农业

第一节　休闲农业的基本内涵

一、休闲农业的概念

休闲农业也称为观光农业、旅游农业，是以农业资源、田园景观、农业生产、农耕文化、农业设施、农业科技、农业生态、农家生活和农村风情风貌为资源条件，为城市游客提供观光、休闲、体验、教育、娱乐等多种服务的农业经营活动。

从农村产业层面来看，休闲农业是农业和旅游业相结合、第一产业（农业）和第三产业（旅游及服务业）相结合的新型产业，也是具有生产、生活、生态“三生”一体多功能的现代农业。

从时空特点来看，休闲农业具有时间上的季节性，重视布局上的绿色生态性，重视资源整合和城乡关系的协调性。

二、休闲农业的功能

（一）休闲性

休闲性是指依托某些作物或养殖动物，构成多种具有观光、休闲和娱乐性产品，供人们欣赏和休闲。在不同类型观光农业区设计修建娱乐宫、游乐中心、表演场；在树林中设吊床、秋千；在海滨滩涂区“踩文蛤”、跳迪斯科舞；在水塘垂钓、抓鱼、套鸭子；在草原区设跑马场，开展骑马、赛马等娱乐活动。

（二）观赏性

观赏性是指具有观光休闲功能的种植业、林业、牧业、渔业、副业和生态农业。观光农业的品种繁多,特别是那些千姿百态的农作物、林草和花木,对城市居民是奇趣无穷。这种观奇活动，使游人获得绿色植物形、色、味等多种美感。从农业本身看它是人工产物，如各种农作物、人工林、养殖动物等，它们既需人工培育，同时又要靠大气、光热、降水等自然条件完成其生长周期，整个环境又属于田园旷野，因此观光农业具有浓厚的大自然意趣和丰富的观赏性。

（三）参与性

让游人参与农业生产活动，让其在农业生产实践中，学习农业生产技术，体验农业生产的乐趣，比如对其有趣的观光农业项目，让游客模仿和学习，如嫁接、割胶、挖薯、摘果、捕捞、挤奶、放牧、植稻、种菜等；还可以开展当一天农民的活动，游客可以直接参与农业生产的过程，从而了解农业生产，增长农业生产技术知识。

（四）文化性

观光休闲农业主要是为那些不了解、不熟悉农业和农村的城市人群服务的，因此观光农业的目标市场在城市，观光休闲农业经营者必须认识这种市场定位的特点，研究城市旅游客源市场及其对观光休闲农业功能的要求，有针对性地按季节特点开设观光休闲旅游项目。例如，体验种植活动在春季，采摘农业果实在秋季，森林疗养在夏季，狩猎在冬季。这样可以利用不同季节，定位市场，扩大游客来源。

三、休闲农业的类型

休闲农业发展受资源环境、区位交通、市场需要、农业基础、投资实力等多方面的影响，呈现出多元化、多层次、多类型的发展态势。

（一）按区域位置分

1. 城市郊区型。一般农业基础较好，生态环境好，农业特色突出，市场需求大，交通便利，发展休闲农业条件优越。

2. 景区周边型。一般靠近旅游景区，农业产品丰富，农村环境好，农民经营意识强，有利于休闲农业发展。

3. 风情村寨型。一般具有民族民俗风情，地域特色鲜明，农村土特产品丰富，可吸引游客体验民俗文化，参与农业生产活动。

4. 基地带动型。包括农业种植基地、特色农产品基地、农业科技园区等，可以让游客采摘、品尝农产品，参与农业活动，购买农产品。

5. 资源带动型。农业资源有森林、湖泊、草原、湿地等，可以发展森林休闲、渔业休闲、牧业休闲、生态休闲等休闲旅游业。

（二）按产业分

1. 休闲种植业。休闲种植业指具有观光休闲功能的现代化种植业。休闲种植业利用现代农业技术，开发具有较高观赏价值的作物品种园地，或利用现代化农业栽培方式，向游客展示最新成果。如引进优质蔬菜、绿色食品、高产瓜果、观赏花卉作物，组建多姿多趣的农业观光园、自摘水果园、农俗园、农果品尝中心。

2. 休闲林业。休闲林业指具有观光休闲功能的人工林场、天然林地、林果园、绿色造型公园等。开发利用人工森林与自然森林所具有的多种旅游功能和观光价值，为游客观光、野营、探险、避暑、科考、森林浴等提供空间场所。

3. 休闲牧业。休闲牧业指具有观光休闲性的牧场、养殖场、狩猎场、森林动物园等，为游人提供观光、休闲和参与牧业生活的风趣和乐趣。如奶牛观光、草原放牧、马场比赛、猎场狩猎等各项活动。

4. 休闲渔业。休闲渔业指利用滩涂、湖面、水库、池塘等水体，开展具有观光、休闲、参与功能的旅游项目，如参观捕鱼、驾驶渔船、水中垂钓、品尝水鲜、参与捕捞活动等，还可能让游客体验养殖技术。

5. 休闲副业。休闲副业包括与农业相关的具有特色的工艺品及其加工制作过程，都可作为观光副业项目进行开发。如利用竹子、麦秸、玉米叶等编织多种美术工艺品；南方利用椰子壳制作、兼有实用和纪念用途的茶具，云南利用棕榈编织的小人、脸谱及玩具等，可让游人观看艺人的精湛手艺或组织游人自己参加编织活动。

6. 观光休闲生态农业。建立农林牧渔综合利用土地的生态模式，强化生产过程的生态性、趣味性、艺术性，生产丰富多彩的绿色保健食品。为了给游人提供观赏和休闲的良好生产环境和场所，发展林果粮间作、农林牧结合、桑基鱼塘等农业生态景观，如广东珠江三角洲形成的桑、鱼、蔗相互结合的生态农业景观。

（三）按功能分

1. 观光农园。利用花园、果园、茶园、药园和菜园等，为游客提供观光、采摘、拔菜、赏花、购物及参与生产等活动，享受田园乐趣。

2. 休闲农园。利用农业优美环境、田园景观、农业生产、农耕文化、农家生活等，为游客提供欣赏田园风光、休闲度假，参与体验生态及文化等活动。

3. 科技农园。以现代农业生产为主，发展设施农业、生态农业、水耕栽培、农技博物馆等项目，为游客提供观光、休闲、学习、体验等活动。

4. 生态农园。以农业生态保护为目的兼具教育功能而发展的休闲农业经营形态，如生态农园、有机农园、绿色农园等，为游客提供生态休闲、生态教育、生态餐饮等活动。

5. 休闲渔园。利用水面资源发展水产养殖，为游客提供垂钓、观赏、餐饮等活动。

6. 市民农园。农民将土地分成若干小块（一般以一分地为宜），将这些小块地出租给城里市民，结合市民要求，由农业园人员负责经营管理，节假日城里人去参与农业生产活动。

7. 农业公园。利用农业环境和主导农业，营造农业景观，设立农业功能区，为游客提供观光、游览、休闲、娱乐等活动。

四、发展休闲农业的意义

发展休闲农业是发展现代农业、增加农民收入、建设社会主义新农村的重要举措，是促进城乡居民消费升级、发展新经济、培育新动能的必然选择。发展休闲农业具有以下三方面的意义。

首先，可以充分开发利用农村旅游资源，调整和优化农业结构，拓宽农业功能，延长农业产业链，发展农村旅游服务业，农村剩余劳动力转移和就业，增加农民收入，为新农村建设创造较好的经济基础。

其次，可以促进城乡统筹，增加城乡之间互动，城里游客把现代化城市的政治、经济、文化、意识等信息辐射到农村，使农民不用外出就能接受现代化意识观念和生活习俗，提高农民素质。

最后，可以挖掘、保护和传承农村文化，并且进一步发展和提升农村文化，形成新的文明乡风。

第二节 休闲农业的产生和发展

一、国外休闲农业的产生和发展

自 19 世纪 60 年代休闲农业出现起，至今已有 160 余年的发展历程。休闲农业的发展过程可大致归纳为三个阶段，即萌芽阶段、发展阶段和扩展阶段。

（一）萌芽阶段

萌芽阶段即开始出现观光农业旅游活动，但只是城市居民到乡村去欣赏自然风光。

19 世纪初，农业蕴含的观光旅游价值逐步显现出来。19 世纪 30 年代，由于城市化进程加快，人口急剧增加，为了缓解城市生活的压力，人们渴望到农村享受暂时的悠闲与宁静，体验乡村生活。于是农业旅游在欧洲大陆兴起。1865 年，意大利“农业与旅游全国协会”的成立标志着休闲农业的产生。当时的协会介绍城市居民到乡村去体味农野间的趣味，他们与农民一起吃饭，一同劳作，搭建帐篷野营，或直接在农民家中留宿。

（二）发展阶段

发展阶段即具有观光职能的专类农园开始出现，逐步替代仅对大自然景观的观赏。

“二战”后，世界各国工业化和城市化进程加快，城市人口的高度集中、交通拥堵、环境的污染，加之日益激烈的工作竞争，都使得人们倍感疲倦。而乡村环境所形成的森林、郊野、农场等资源恰好满足了人们对于放松身心的渴望，于是，具有观光职能的农园开始大量涌现。农园内的活动以观光为主，结合游、食、住、购等多种方式，同时产生了相应的专职服务人员，这标志着休闲农业打破传统农业的束缚，成为与旅游业相结合的新型交叉型产业。

（三）扩展阶段

扩展阶段即参与性、现代化的旅游模式替代传统型、静态、休憩模式。

20 世纪 80 年代后，更多地参与实践，亲身体验农事活动的乐趣成为越来越多旅客的需求，于是广泛参与性的多元化、特色化休闲项目被广泛开发并推广，逐步取代了传统的旅游方式。

二、我国休闲农业的产生和发展

我国休闲农业兴起于改革开放以后，开始是以观光为主的参观性农业旅游。20 世纪 90 年代以后，开始发展观光与休闲相结合的休闲农业旅游。进入 21 世纪，观光、休闲农业有了较快的发展。具体发展阶段如下。

（一）早期兴起阶段（1980—1990 年）

该阶段处于改革开放初期，靠近城市和景区的少数农村根据当地特有的旅游资源，自发地开展了形式多样的农业观光旅游，举办荔枝节、桃花节、西瓜节等农业节庆活动，吸引城市游客前来观光旅游，增加农民收入。如广东深圳市举办了荔枝节活动，吸引城里人前来观光旅游，并借此举办招商引资洽谈会，收到了良好效果。河北涞水县野三坡景区依托当地特有的自然资源，针对京津唐游客市场推出“观农家景、吃农家饭、住农家屋”等多项旅游活动，有力地带动了当地农民脱贫致富。

（二）初期发展阶段（1990—2000 年）

该阶段正处在我国由计划经济向市场经济转变的时期，随着我国城市化发展和居民经济收入提高，消费结构开始改变，在解决温饱之后，有了观光、休闲、旅游的新需求。同时，农村产业结构需要优化调整，农民扩大就业，农民增收提到日程。在这样背景下，靠近大、中城市郊区的一些农村和农户利用当地特有农业资源环境和特色农产品，开办了以观光为主的观光休闲农业园，开展采摘、钓鱼、种菜、野餐等多种旅游活动。如北京锦绣大地农业科技观光园、上海孙桥现代农业科技观光园、广州番禺区化龙农业大观园、河北北戴河集发生态农业观光园、江苏苏州西山现代农业示范园、四川成都郫都区农家乐、福建武夷山观光茶园等。这些观光休闲农业园区，吸引了大批城市居民前来观光旅游，体验农业生产和农家生活，欣赏和感悟大自然，很受欢迎和青睐。

（三）规范经营阶段（2000 年至今）

该阶段处于我国人民生活由温饱型全面向小康型转变的阶段，人们的休闲旅游需求开始强烈，而且呈现出多样化的趋势：

1. 更加重视亲身的体验和参与，很多“体验旅游”“生态旅游”的项目融入农业旅游项目之中，极大地丰富了农业旅游产品的内容。

2. 更加注重绿色消费，农业旅游项目的开发也逐渐与绿色、环保、健康、科技等主题紧密结合。

3. 更加注重文化内涵和科技知识性，农耕文化和农业科技性的旅游项目开始融入观光休闲农业园区。

4. 政府积极关注和支持，组织编制发展规划，制定评定标准和管理条例，使休闲农业园区开始走向规范化管理，保证了休闲农业健康发展。

5. 休闲农业的功能由单一的观光功能开始拓宽为观光、休闲、娱乐、度假、体验、学习、健康等综合功能。

第三节　休闲农业的发展模式

一、田园农业旅游模式

（一）田园农业旅游模式的含义

田园农业旅游模式是指以农村田园景观、农业生产活动和特色农产品为旅游吸引物，开发农业游、林果游、花卉游、渔业游、牧业游等不同特色的主题旅游活动，满足游客体验农业、回归自然的心理需求。

（二）田园农业旅游模式的主要类型

1. 田园农业游。以大田农业为重点，开发欣赏田园风光、观看农业生产活动、品尝和购置绿色食品、学习农业技术知识等旅游活动，以达到了解和体验农业的目的。如上海孙桥现代农业观光园、北京顺义“三高”农业观光园。

2. 园林观光游。以果林和园林为重点，开发采摘、观景、赏花、踏青、购置果品等旅游活动，让游客观赏绿色景观，亲近美好自然。如四川泸州张坝桂圆林。

3. 农业科技游。以现代农业科技园区为重点，开发观看园区高新农业技术和品种、温室大棚内设施农业和生态农业，使游客增长现代农业知识。如北京小汤山现代农业科技园。

4. 务农体验游。通过参与农业生产活动，与农民同吃、同住、同劳动，让游客接触实际的农业生产、农耕文化和特殊的乡土气息。如广东高要广新农业生态园。

二、民俗风情旅游模式

（一）民俗风情旅游模式的含义

民俗风情旅游模式是以农村风土人情、民俗文化为旅游吸引物，充分突出农耕文化、乡土文化和民俗文化特色，开发农耕展示、民间技艺、时令民俗、节庆活动、民间歌舞等旅游活动，丰富乡村旅游的文化内涵。

（二）民俗风情旅游模式的主要类型

1. 农耕文化游。利用农耕技艺、农耕用具、农耕节气、农产品加工活动等，开展农业文化旅游。如新疆吐鲁番坎儿井民俗园。

2. 民俗文化游。利用居住民俗、服饰民俗、饮食民俗、礼仪民俗、节令民俗、游艺民俗等，开展民俗文化游。如山东日照任家台民俗村。

3. 乡土文化游。利用民俗歌舞、民间技艺、民间戏剧、民间表演等，开展乡土文化旅游。如湖南怀化荆坪古文化村。

4. 民族文化游。利用民族风俗、民族习惯、民族村落、民族歌舞、民族节日、民族宗教等，开展民族文化旅游。如西藏拉萨娘热民俗风情园。

三、农家乐旅游模式

（一）农家乐旅游模式的含义

农家乐旅游模式是指农民利用自家庭院、自己生产的农产品及周围的田园风光、自然景点，以低廉的价格吸引游客前来吃、住、玩、游、娱、购等旅游活动。

（二）农家乐旅游模式的主要类型

1. 农业观光农家乐。利用田园农业生产及农家生活等，吸引游客前来观光、休闲和体验。如四川成都龙泉驿红砂村农家乐、湖南益阳花乡农家乐。

2. 民俗文化农家乐。利用当地民俗文化，吸引游客前来观赏、娱乐、休闲。如贵州郎德上寨的民俗风情农家乐。

3. 民居型农家乐。利用当地古村落和民居住宅，吸引游客前来观光旅游。如广西阳朔特色民居农家乐。

4. 休闲娱乐农家乐。利用优美的环境、齐全的设施，舒适的服务，为游客提供吃、住、玩等旅游活动。如四川成都郫县农科村农家乐。

5. 食宿接待农家乐。以舒适、卫生、安全的居住环境和可口的特色食品，吸引游客前来休闲旅游。如江西景德镇的农家旅馆、四川成都乡林酒店。

6. 农事参与农家乐。以农业生产活动和农业工艺技术，吸引游客前来休闲旅游。

四、村落乡镇旅游模式

（一）村落乡镇旅游模式的含义

村落乡镇旅游模式是以古村镇宅院建筑和新农村格局为旅游吸引物，开发观光旅游。

（二）村落乡镇旅游模式的主要类型

1. 古民居和古宅院游。大多数是利用明、清两代村镇建筑来发展观光旅游。如山西王家大院和乔家大院、福建闽南土楼。

2. 民族村寨游。利用民族特色的村寨发展观光旅游，如云南瑞丽傣族自然村、红河哈尼族民俗村。

3. 古镇建筑游。利用古镇房屋建筑、民居、街道、店铺、古寺庙、园林来发展观光旅游，如山西平遥、云南丽江、浙江南浔、安徽徽州古镇。

4. 新村风貌游。利用现代农村建筑、民居庭院、街道格局、村庄绿化、工农企业来发展观光旅游。如北京韩村河、江苏华西村、河南南街。

五、休闲度假旅游模式

（一）休闲度假旅游模式的含义

休闲度假旅游模式是指依托自然优美的乡野风景、舒适怡人的清新气候、独特的地热温泉、环保生态的绿色空间，结合周围的田园景观和民俗文化，兴建一些休闲、娱乐设施，为游客提供休憩、度假、娱乐、餐饮、健身等服务。

（二）休闲度假旅游模式的主要类型

1. 休闲度假村。以山水、森林、温泉为依托，以齐全、高档的设施和优质的服务，为游客提供休闲、度假旅游。如广东梅州雁南飞茶田度假村。

2. 休闲农庄。以优越的自然环境、独特的田园景观、丰富的农业产品、优惠的餐饮和住宿，为游客提供休闲、观光旅游。如湖北武汉谦森岛庄园。

3. 乡村酒店。以餐饮、住宿为主，配合周围自然景观和人文景观，为游客提供休闲旅游。如成都西御园乡村酒店。

六、科普教育旅游模式

（一）科普教育旅游模式的含义

科普教育旅游模式是利用农业观光园、农业科技生态园、农业产品展览馆、农业博览园或博物馆，为游客提供了解农业历史、学习农业技术、增长农业知识的旅游活动。

（二）科普教育旅游模式的主要类型

1. 农业科技教育基地。是在农业科研基地的基础上，利用科研设施作景点，以高新农业技术为教材，向农业工作者和中小学生进农业技术教育，形成集农业生产、科技示范、科研教育为一体的新型科教农业园。如北京昌平区小汤山现代农业科技园、陕西杨凌全国农业科技农业观光园。

2. 观光休闲教育农业园。通过当地农业园区的资源环境，现代农业设施、农业经营活动、农业生产过程、优质农产品等，开展农业观光、参与体验，DIY 教育活动。如广东高明蔼雯教育农庄。

3. 少儿教育农业基地。利用当地农业种植、畜牧、饲养、农耕文化、农业技术等，让中小学生参与休闲农业活动，接受农业技术知识的教育。

4. 农业博览园。利用当地农业技术、农业生产过程、农业产品、农业文化进行展示，让游客参观。如沈阳市农业博览园、山东寿光生态农业博览园。

七、回归自然旅游模式

（一）回归自然旅游模式的含义

回归自然旅游模式是利用农村优美的自然景观、奇异的山水、绿色的森林、静荡的湖水，发展观山、赏景、登山、森林浴、滑雪、滑水等旅游活动，让游客感受大自然、亲近大自然、回归大自然。

（二）回归自然旅游模式的主要类型

1. 森林公园。以大面积人工林或天然林为主体而建设的公园。森林公园是一个综合体，它具有建筑、疗养、林木经营等多种功能，同时是一种以保护为前提而利用森林的多种功能为人们提供各种形式的旅游服务的可进行科学文化活动的经营管理区域。如上海东平国家森林公园。

2. 湿地公园。是指以水为主题的公园。以湿地良好生态环境和多样化湿地景观资源为基础，以湿地的科普宣教、湿地功能利用、弘扬湿地文化等为主题，并建有一定规模的旅游休闲设施，可供人们旅游观光、休闲娱乐的生态型主题公园。如浙江省衢州市莲花月牙儿湿地公园。

3. 水上乐园。水上乐园是一处大型旅游场地，是主题公园的其中一种，多数娱乐设施与水有关，属于娱乐性的人工旅游景点。项目有游泳池，人工冲浪，水上橡皮筏等。

4. 露宿营地。露营地就是具有一定自然风光的，可供人们使用自备露营设施如帐篷、房车或营地租借的小木屋、移动别墅、房车等外出旅行短时间或长时间居住、生活，配有运动游乐设备并安排有娱乐活动、演出节目的具有公共服务设施，占有一定面积，安全性有保障的娱乐休闲小型社区。

5. 自然保护区。不管保护区的类型如何，其总体要求是以保护为主，在不影响保护的前提下，把科学研究、教育、生产和旅游等活动有机地结合起来，使它的生态、社会和经济效益都得到充分展示。

第四节　休闲农业与乡村旅游的资源

一、休闲农业与乡村旅游资源概述

（一）休闲农业与乡村旅游资源含义

休闲农业与乡村旅游资源是指在一定时期、地点、条件下能够产生经济、社会和文化价值，能为休闲农业旅游开发和经营所利用，为开展休闲农业旅游活动提供基础来源的各种物质和文化吸引物的总称。休闲农业与乡村旅游资源是休闲农业与乡村旅游赖以发展的基础，只有把握和理解休闲农业与乡村旅游资源相关知识，才能对休闲农业与乡村旅游资源进行合理的开发。

（二）休闲农业与乡村旅游资源的特征

1. 生产性、休闲性。休闲农业资源既具有可供人类生产和加工农产品的特征，又具有供人类休闲的特点，如鱼类资源可供人类养殖生产和加工鱼类食品，也可供人们垂钓休闲、果园果树种植，为人类提供水果食品，同时形成生态景观，供人们观光休闲。

2. 社会性。农业自然资源在人类尚未开发和利用之前，属于自然属性，当人类利用、投入生产过程后，就具有社会经济属性，农业资源中的农业社会资源包括社会、经济和科学技术因素，可以用于农业和休闲农业，因此休闲农业资源本身就具有社会经济的属性。

3. 整体性。各种休闲农业资源相互联系，相互制约，形成统一整体，如休闲自然资源形成的某一景观，当某些自然要素受到破坏时，则这一景观也就受破坏了。在一定的气候、土壤的影响下，长期形成森林植被和群落，一旦森林被滥砍滥伐后，就会引发气候变化、水土流失和生命群落的变化。休闲农业资源具有多种功能、多种用途和多种适应性，如林木这一重要的资源既可以提供木材，又可以保持水土，防风固沙，更可以利用来观赏休闲。

4. 不可逆转性。休闲农业自然资源和农业自然资源一样，资源消耗是不可逆转的，过度消耗会造成资源的退化、消失，一旦消失，就不可再生。

5. 可变性。休闲农业自然资源和休闲农业社会资源的发展具有可变性，资源在数量上虽然有限，但是发展的潜力是无限的，如农作物品种的选育、创造出新的品种，农业生态环境的建造，农业资金的积累等，都是资源进一步发展的表现。

6. 地域性。由于各个地区的气候、水热条件的不同，和各地经济、社会、科技基础不一样，因此休闲农业资源具有较明显的地域差别。

二、休闲农业与乡村旅游资源的内容

休闲农业资源区别于传统旅游资源，农业生产资源、农民生活资源和农村生态资源是其重要组成部分。休闲农业资源呈现出多样性、季节性、地域性、审美性以及综合性的特点，其范围比传统农业资源范围更加广泛，基于资源性质的休闲农业资源可分为自然资源、生物资源、人文资源和现代科技资源四大类。

（一）自然资源

休闲农业园的开发必须建立在优越的自然条件基础上，所处区域的自然资源条件在一定程度上确立了休闲农业企业的开发类型和方向。休闲农业企业可利用本地特有的自然资源，进行资源开发，吸引游客。休闲农业自然资源按照其表现形式不同，一般分为气候、地理位置、水文、地貌、植被、土壤等。

1. 气候。气候包括气温、降水等条件，它所影响的生物类型和分布在一定程度上决定休闲农业的景观及其季节更替。对于休闲农业企业来讲，其所在区域的气候条件直接对它的农业资源产生影响。

2. 地理位置。对于休闲农业企业来讲，自然地理位置非常重要，它能很好地向人们展示出企业所在地区所具有的独特要素。

3. 地貌。地貌因素决定了休闲农业园地表形态，从而影响到休闲农业园的可进入性、项目的立地条件和景观的丰富程度。

4. 水文。水文因素对休闲农业园影响表现在两个方面：一是影响开发地生物的生长和分布；二是决定了园区生活用水的质量和数量。

5. 植被。植被就是覆盖地表的植物群落的总称。植被在土壤形成上有重要作用。在不同的气候条件下，各种植被类型与土壤类型之间也呈现出密切的关系。植物是通过光合作用将无机物转化为有机物、独立生活的一类自养型生物。在自然界中，目前已经被人们知道的植物大约有40万种，它们遍布于地球的各个角落，以各种奇特的方式自己养活着自己。绝大多数植物可以进行光合作用，合成有机物，贮存能量并放出氧气。

6. 土壤。土壤情况一方面影响生物的生长，另一方面为休闲农业园的各类设施提供立地条件。中国土壤资源丰富、类型繁多，由南到北、由东向西虽然具有水平地带性分布规律，但北方的土壤类型在南方山地却往往也会出现。

（二）生物资源

生物资源是指可用于或有助于农业生产的生物资源。主要包括农作物资源、畜禽品种资源、林木资源、蚕业资源、水产生物资源、野生动植物资源。

1. 农作物资源。农作物资源主要有粮、油、糖、烟、薯、菜、果、药，可归纳为粮食作物、油料作物、经济作物、园艺作物等类别。

（1）油料作物。油料作物是以榨取油脂为主要用途的一类作物。主要有大豆、花生、芝麻、向日葵、油菜、棉籽、鹿麻、苏子、油用亚麻和大麻等。

（2）粮食作物。粮食作物亦可称为食用作物，其产品含有淀粉、蛋白质、脂肪及维生素等。主要包括谷类作物、薯类作物、豆类作物等栽培粮食作物。它不仅为人类提供食粮和某些副食品，以维持生命的需要，而且为食品工业提供原料，为畜牧业提供精饲料和大部分粗饲料。粮食生产是多数国家农业的基础。

（3）园艺作物。园艺作物一般指以较小规模进行集约栽培的具有较高经济价值的作物。园艺作物包含果树、蔬菜、花卉三大类经济作物群。

（4）经济作物。经济作物又称为技术作物、工业原料作物。指具有某种特定经济用途的农作物。经济作物通常具有地域性强、经济价值高、技术要求高、商品率高等特点，对自然条件要求较严格，宜于集中进行专门化生产。按其用途分为纤维作物、糖料作物、饮料作物、爱好作物、药用作物、热带作物等。

2. 畜禽品种资源。近年来，我国畜牧业取得长足发展，肉类、禽蛋产量连续多年稳居世界第一，畜牧业产值约占农业总产值的比重达36%。畜牧业发展对于保障畜产品有效供给、促进农民增收做出了重要贡献。

3. 林木资源。我国的林木资源主要分为商品林和公益林。

（1）商品林。商品林包括人工培育的用材林、薪炭林和经济林。人工用材林是指人工培育的以生产木材为主要目的的森林和树木，包括人工播种（含飞机播种和人工播种）、植苗、杆插造林形成的森林、林木以及森林和林木采伐后萌生形成的森林和林木。

（2）公益林。公益林是指生态区位重要，对国土生态安全、生物多样性保护和经济社会可持续发展具有重要作用，以提供森林生态和社会服务产品为主要经营目的的防护林和特种用途林。包括水源涵养林、水土保持林、防风固沙林和护岸林、自然保护区的森林和国防林等。简言之，公益林就是以发挥生态效益为主的防护林、特种用途林。

4. 蚕业资源。蚕业资源是农业的一个组成部分。经营范围包括桑树栽培、蚕种繁育、养蚕、蚕茧干燥和贮藏以及蚕茧、蚕种销售等。作为中国传统农村家庭手工业的蚕业一般还兼行缫丝、织绸。一般以桑蚕为主要饲养对象，还放养柞蚕，生产柞蚕茧丝。中国的蚕茧、蚕丝产量均居世界首位。

5. 水产生物资源。

（1）淡水水产生物。根据水产部门的资料，中国内陆水域共有鱼类 795 种。东部地区的水系种类较多，如珠江水系有鱼类 381 种、长江水系约有 370 种（其中，纯淡水鱼类 294 种，洄游性鱼类 9 种）、黄河水系有 191 种、东北黑龙江水系有 175 种。西部地区鱼类稀少，如新疆维吾尔自治区仅有 50 余种、西藏自治区有 44 种。在内陆水域中，其他水生生物，如贝、蟹等软体动物和甲壳动物的物种丰富度也较高，其中包含大量有经济价值、被广泛利用的种类。还有许多珍稀特有种类，如白鳍豚、中华鲟、白鲟、胭脂鱼、赤梢、勃氏哲罗鱼、大理裂腹鱼、中华绒螯蟹等。

（2）海洋水产生物。中国海洋生物资源丰富，海洋水域有记录的海洋生物种类多达 20278 个。其中，水产生物：鱼类 3032 种；蟹类 734 种；虾类 546 种；各种软体动物共 2557 种（含贝类 2456 种，头足类 101 种）。此外还有各种大型经济海藻 790 种，各种海产哺乳动物 29 种。如此众多的生物种数说明了中国海洋水产生物资源的丰富和多样性。

6. 野生动植物资源。野生动植物资源是指一切对人类生产和生活有用的野生动植物的总和，包括食用性资源、工业性资源、生态保护性资源、种植性资源等。野生动植物资源具有很高的价值，它不仅为人类提供许多生产和生活资源，提供科学研究的依据和培育新品种的种源，而且是维持生态平衡的重要组成部分。

（1）野生植物。野生植物是指原生地天然生长的植物。我国野生植物种类非常丰富，拥有高等植物达 3 万多种，居世界第 3 位，其中，特有植物种类繁多，17000 余种，如银杉、珙桐、银杏、百山祖冷杉、香果树等均为我国特有的珍稀濒危野生植物。我国有药用植物 11000 余种，又拥有大量的作物野生种群及其近缘种，是世界上栽培作物的重要起源中心之一，也是世界上著名的花卉之母。野生植物是重要的自然资源和环境要素，对于维持生态平衡和发展经济具有重要意义。

（2）野生动物。野生动物是指生存于自然状态下，非人工驯养的各种哺乳动物、鸟类、爬行动物、两栖动物、鱼类、软体动物、昆虫及其他动物。它分为濒危野生动物、有益野生动物、经济野生动物和有害野生动物四种。

全世界有 794 多种野生动物，由于缺少应有的环境保护而濒临灭绝。每种野生动物都有它们天然的栖息环境，保证着它们的生息繁衍。如果这种栖息环境遭到破坏，动物的自然存续就面临危机，即使没有人捕食，也难以生存。保护野生动物，归根结底还是要保护它们的栖息地。

（三）人文资源

人们在休闲农业园中游玩时，不仅是为了体验农业生产活动，而且希望能够体验到当地的人文环境和风俗习惯。在休闲农业园区景观开发和活动设计时，应当充分发掘当地的人文资源进行包装打造，使其成为休闲农业园区吸引游客的亮点。

1. 农耕活动。耕作是配合植物生理、气候环境、经验法则等一系列周期性、技巧性的行为。不同的农作物耕种活动有不同的重点，但大致来说，传统的农耕活动包括春耕、夏耘、秋收、冬藏等。

2. 传统农具。农具是进行农业生产所使用的工具。农具的演进过程记录了劳动人民经验的积累。传统农具主要种类如下。

（1）除草：铁锄、耘箱等。

（2）播种：车、秧马等。

（3）耕耘：使用畜力的有犁、耙、格、秒等；使用人力的有铁耙、锄头、镐头、铜耙等。

（4）采伐：柴刀、打竹刀、斧、锯、刮刀、刀等。

（5）收获：有掐刀（收割稻穗的农具）、镰刀、短锹、簸箕、木扬锹、围帘、谷箩、谷筛、簟皮、畚箕、风车等。

（6）灌溉：辘转、人力翻车、通车、水车，人力水车居多，亦有用牛力的，人力水车分脚踏和手摇两种。

（7）棉花加工：棉搅车、纺车、弹弓、棉织机等。

（8）运输：扁担、筐、驮具、架子车、牛车、马车等。

（9）农副产品加工：粮食加工主要有木碧、石臼、石磨、水碓舂米、杵臼、踏碓、碾等。

传统的农具一方面可以用作休闲农园内的装饰布置，提高园区内的乡土气息；另一方面也可以作为市民体验农耕、学习农耕的道具，提高体验的真实性与完整性；还可以作为文化知识展览，旁边附上详解图，供游客参观了解。

3. 民俗风情。

（1）待客食俗。待客食俗在我国乡村有丰富的花样。如在北方农村，有“留碗底”之俗，即客人餐毕，碗中若留有剩余食物，则表示对主人的大不敬；在湖南湘西一带，有“泡炒米茶”之俗，即接待客人时首先要上一碗炒米茶，以示为客人接风洗尘。从这些待客食俗中，休闲农业开发者都可以发现餐饮开发的商机。

（2）节令食俗。春节食俗。春节的时候，汉族把最好的肉类、菜类、果类、点心类用以宴待宾客。少数民族过年也很有特色，如彝族吃“坨坨肉”，喝“转转酒”，并赠送客人以示慷慨大方。

元宵食俗。元宵的食、饮大多都以“团圆”为宗旨，有圆子、汤圆等。由于各地风俗不同，如东北在元宵节爱吃冻鱼肉，广东的元宵节喜欢“偷”摘生菜，拌以糕饼煮食以求吉祥。

清明食俗。公历4月5日前后的清明节，主题为“寒食”与扫墓。清明吃寒食，不动烟火，吃冷菜、冷粥。

中元节食俗。每年农历七月十五日，是佛、道两教祭祀亡灵的节日。

中秋节食俗。中秋节不仅吃月饼，而且还吃藕品、香芋、柚子、花生、螃蟹等。

重阳节食俗。重阳节的食物大多都以奉献老人为主，吃花生糕、螃蟹，有些地方还吃羊肉和狗肉。

冬至节食俗。喝米酒、吃长生面、饺子。

腊八节食俗。吃腊八粥。

灶王节食俗。北京一般包饺子，南方打年糕准备年货。

除夕食俗。北方必有饺子，有古语“年年饺子年年顺”。

（3）猎获与采集民俗。猎获即狩猎与捕捞。采集包括采草药、采野果、采野菜、采茶桑等。由于各地的自然条件不同，猎俗也因之有别，如东北鄂伦春族等少数民族仍然保留着“上山赶肉，见者有份”的猎物分配的狩猎风俗。捕捞风俗各地更是千姿百态，如东海渔民出海日逢双不逢单，新船出海要烧一锅开水，泡上银圆，俗称“银汤”，用以浇淋船眼，俗称“开船日”，然后淋船头、舷、舵、槽，以求吉利。

（4）意识民俗。意识民俗涉及的范围相当广泛，有原始信仰方面的，如对天地、日月、云雾、风雨、雷电、山石、水火等大自然的崇拜，对狐、熊、鹿、貂、乌、蛇等的崇拜意即图腾；有祖先崇拜，宗教信仰方面的，如对道教、佛教、天主教、基督教等。

（5）礼仪食俗。礼仪食俗是指在很多乡村，在置办红白喜事或其他仪式时有一些特定的饮食习惯。如有的地方在小孩周岁的“抓周”仪式中，让小孩吃鸡蛋、面条，预兆未来健康顺利。在浙江太顺等地，酒筵有“退筵吃”之俗，即一餐分两段吃，先吃饱，暂散席，复席后再慢慢饮酒。青岛人在新娘登场和瓜果上市时，先请上辈老人先吃，叫“尝鲜”。吃饭时老人“坐上首”，好菜“开头筷”，若小孩先动筷子，大人会斥责为不懂规矩。有些村庄还有新麦上场时儿媳妇给独居的公婆送第一锅饽饽的风俗。这些已成为我国“孝俗”中的重要组成部分。

（6）娱乐民俗。民间传统的各种游艺竞技文化娱乐活动，大致可分为：民间游乐，包括春游、踏青、赏桂、观潮和群众性的歌舞如舞龙、秧歌、抬阁等；民间游戏，包括活动性强的如捉迷藏、老鹰抓小鸡等和智力游戏如猜谜、绕口令等；民间竞斗，如斗牛、斗蟋蟀、斗鸡、斗鹌鹑等；百戏杂耍，如看社戏、演傀儡戏、演皮影戏等。

（7）生活民俗。独具特色的饮食民俗，如彝族有吃“转转酒”的风俗，饮酒者席地围成圆圈端酒杯，依次轮饮。赫哲族妇女穿鱼皮制成的服装，衣服边上并排缝上海贝、铜钱。还有不同类型的民居民俗，如“蒙古包”“连家船”“窑洞”“吊脚楼”等。房屋装饰也反映着当地人的信仰，如陕西山阳县民居房顶刻着“龙凤”圈等，以求吉祥。

4. 民间谚语。

（1）耕作。有培育壮秧的：“秧好半年稻”；有关于插秧时节的：“燕子来齐插秧，燕子去稻花香”“立春做秧畈，小满满田青，芒种秧成苗”等；有关于插秧技术要求的：“早稻水上漂，晚稻插齐腰”等；有关于施肥技术要求的：“早稻泥下送，晚稻三遍壅”等；有强调深耕重要性的：“耕田深又深，作物百样好”“要想丰收年，冬天深耕田”等；有关于轮种的：“稻、麦、草籽轮流种，九成变成十成收”“芒种芒种，样样要种”等。

（2）田间管理。“小暑补棵一斗米，大暑补棵一升米”“只种不管，打破金碗。精种细管，仓里谷满”“种田不除草，肚子吃不饱，除草要除芽，莫等草成爷”“立秋不拔草，处暑不长稻”等。

（3）收获。“麦子一熟不等人，耽误收割减收成”“一滴汗水一颗粮，汗水换得稻谷香”“精收细打，颗粒归仓”等。

5. 民间歌舞。

（1）舞龙灯。俗谚云：正月龙灯二月莺。舞龙灯是以竹篾扎成龙头、龙身和龙尾，一般从三节到几十节不等，多为单数。动作有“龙摆尾”“龙蟠柱”等。一般在除夕或元宵，人们高举用稻草、苇、竹、树枝等扎成的火把，在锣鼓齐鸣声中，奔走于田岸，流星舞火，煞是壮观。

（2）民歌。我国民间歌谣蕴藏极其丰富。汉族的除了民谣、儿歌、四句头山歌和各种劳动号子之外，还有“信天游”“扑山歌”“四季歌”“五更调”，更有像藏族的“鲁”“谐”，壮族的“欢”，白族的“白曲”，回族的“花儿”，苗族的“飞歌”，侗族的“大歌”等，都各具独特的形式。

（3）采茶舞。该舞源于茶乡的劳动生活，由一群姑娘身披彩衣，腰系绣花围裙，手持茶篮，口唱“十二月采茶歌”，描述采茶姑娘一路上山坡，走小路，穿茶丛，双手采茶、拣茶和在茶叶丰收归途中追蝴蝶的形象。

（4）扭秧歌。秧歌舞具有自己的风格特色，一般舞队由十多人至百人组成，扮成历史故事、神话传说和现实生活中的人物，边舞边走，随着鼓声节奏，善于变换各种队形，再加上舞姿丰富多彩，深受人们的欢迎。秧歌舞表演起来，生动活泼，形式多样，多姿多彩，红火热闹，规模宏大，气氛热烈，闹得热火朝天。另外，不同的村邻之间还会扭起秧歌互相访拜，比歌赛舞。

（5）舞狮。舞狮是我国优秀的民间艺术，每逢元宵或集会庆典，民间都以舞狮前来助兴。表演者在锣鼓声中，装扮成狮子的模样，做出狮子的各种形态动作。

（四）现代科技资源

1. 现代农业新技术。现代农业新技术主要指适应农业发展方式需要所采用的技术集成，如发展生态循环农业中所采用的农业废弃物无害化处理、资源化利用技术、立体种养技术；发展节本高效农业采用的省工免耕技术等。

2. 农业新品种。开发新品种就是为了克服老品种的缺点和不足或者顺应市场新的需求，使作物或者畜牧在产量、品质、抗性等方面得到改善，从而获得更高的生产力和更好的经济效益。人们常说，一粒种子，可以改变世界。种子是最基本的农业生产资料，是人类赖以生存和发展的基础。社会文明发展程度越高，对种子的要求也就越高。品种的水平，体现了人类文明的程度，也是人类文明的象征。就我国而言，20 世纪 80 年代前，农业生产的核心是解决人民的温饱问题，对品种的首位要求是高产。进入 80 年代后，人民的温饱问题得到了根本解决，选育的品种开始向高产优质方向发展。90 年代末，随着市场经济机制的导入，品种的优质开始提到了首位，品质好的品种，名、特、优品种，开始走俏市场。进入 21 世纪，尤其是我国加入世贸组织后，日趋激烈的市场竞争，对农产品提出了更高的要求，农业开始向外向型绿色农业、兼用型方向发展。

（1）通过名、特、优、新品种实现多样化市场经济。主产品大需求，小产品也能做出大市场。在抓好粮、棉、油、畜、禽等主要品种更新的同时，要注意抓好特色果、菜、瓜等经济产业的开发利用，以适应城乡人民生活的多种需求。

（2）品种布局区域化，形成规模经济。形不成规模，即形不成市场，有了一定的规模，才能形成稳定的客户群，才能形成产、加、销一体化生产格局。

（3）用途多样化，形成特色产业经济。由于市场需求的多样化，育种目标相应地也需由市场导向，因而品种也应多样化或专用化，如碟形瓜的培育。碟形瓜学名玉黄西葫芦，是菜瓜的一个新品种，果皮果肉均为黄色，因其外形似月牙形花边的碟子，故得名碟形瓜。碟形瓜既可食用，又可观赏，其抗性强，品质优良，口感脆嫩，主要供应观光园区种植和高档宾馆饭店消费，深受消费者的喜爱。

三、休闲农业与乡村旅游资源的禀赋

休闲农业与乡村旅游资源正成为新的投资亮点，那么什么样的资源才是最重要的、最关键的、最符合未来发展需要的？答案主要包括以下几方面。

（一）优美的生态环境

乡村甘甜洁净的水、绿色的树、蓝蓝的天、清新的空气、安静的环境、森林小气候以及农家美食，无一不令人向往。试想一下，在彩灯迷离的城市，想要看看皎洁的月光都难了，更不用说夏夜起舞的萤火虫，村前老树下的篝火与游戏，很多美好的记忆正与我们渐行渐远。忙里偷闲到乡村，一畦青菜、一架葡萄、一池锦鲤、一盏清茶、一把躺椅，看庭前花开花落，天边云卷云舒，这样的视觉享受，瞬间便可消除一切身心的疲惫。

（二）体验式劳动演绎成众乐乐

劳动，不仅光荣，还产生美与快乐，以及丰收的喜悦。且看辛弃疾的《清平乐·村居》："茅檐低小，溪上青青草。醉里吴音相媚好，白发谁家翁媪？大儿锄豆溪东，中儿正织鸡笼；最喜小儿亡赖，溪头卧剥莲蓬。"寥寥数语就将一幅乡村恬美的画面展现在今人的面前，这个生活画面与场景放在今天，就可称之为休闲农业与乡村旅游资源。

乡村传统劳作是乡村人文景观中精彩的一笔，如草鞋编织、石臼舂米、鸬鹚捕鱼、摘新茶、采菱藕、水车灌溉、驴马拉磨、老牛碾谷、做豆腐、赶鸭子、放牛羊等，充满了生活气息，令人陶醉，让走出樊笼的现代人放飞心灵。

独乐乐不如众乐乐，很多游客都乐于呼朋唤友一起去体验这些传统的劳作，既锻炼了身体，还愉悦了身心。

（三）探索自然成为教育的补充

旅游实际上是人与自然对话的过程。自然科学是一门宏大的学科，它包罗了天文学、生物学、自然地理学、地质学、生态学、物理学、农学等各种科学，任何在城市里找不到答案的东西都可以在乡村的自然界中获得，比如在城里，你知道写犁字，但你不一定知道犁是什么样；在乡村，在自然里，也许不知道犁字怎么写，但知道犁是什么样。

尽管我们追求的是既知道犁是什么样，也要知道犁字怎么写，也即文明和自然的结合达到基本的认知，进一步明白很多道理的话，就相当于格物致知。

因此，很多学校经常会组织学生去乡村学习、考察。学生通过在乡村的各种体验，丰富了对大自然及农耕文明的认识，增强了环境意识和团队意识，提高了处理人际关系的能力，锻炼了自身的意志力及掌握野外生存的技能。

（四）闲适野趣的生活成为追求

休闲农业与乡村旅游的兴起，是道法自然的思想回归，是农耕文化的再次觉醒。近来发现很多网友的签名都在追求乡村生活情趣，如"手把青秧插满田，低头便是水中天；身心清静方为道，退步原来是向前"表现的是一种禅意；"黄梅时节家家雨，青草池塘处处蛙。有约不来过夜半，闲敲棋子落灯花"体现的是闲适与淡然；哪怕是比较直白的"种田南山下，悠然采菊花；夏卖桃杏李，秋收红地瓜"也充满诗意栖居的理想。

（五）新的业态正引爆行业发展

从目前的发展情况来看，许多传统的商业模式与服务业态将与休闲农业结合起来，比如养生公寓、仓储式超市、乡村美容院、乡村酒吧、国际青年旅舍、企事业单位后勤基地、企业培训基地、高端幼儿园、非物质文化传承保护中心、高端社区业主庄园、乡村婚纱摄影基地、影视文化拍摄基地、市民假日大学、大学生创业实践基地、农民创业园、格子农庄、宠物训导中心、民间收藏展示中心、国防教育训练基地、公益社团活动基地等，这些新的业态加快了休闲农业与乡村旅游资源的整合力度。

（六）现有的发展类型可资比照

依据区位优势、资源禀赋、历史文化背景等条件，我国休闲农业发展总体布局分为四类区域，即大中城市和名胜景区周边、依山傍水逐草自然生态区、民族地区和传统特色农区。以上地区发展休闲农业与乡村旅游具有相对的优势，具体到单个的休闲农业庄园，又可以分为以下几种类型：

产业形态上包括休闲农业、休闲渔业、休闲牧场、休闲林场、休闲果园、休闲茶园、农业产业化龙头企业展示体验基地和国有企事业单位后勤保障基地等；

地域分布上包括都市创意体验型、郊野休闲度假型、旅游景区依托型、农业园区配套型、新农村建设示范型、民族村寨文化传承型、山区林下综合开发型、湖区湿地保护利用型、矿区综合治理恢复型和老区产业扶贫带动型等；

发展模式上包括大众休闲游乐型、高端养生度假型、区域支柱产业延伸型、专项主题文化深度开发型、特定客源市场对接型、社区支持农业订单型、农民合作组织捆绑型和品牌农庄连锁型等。

这些模式与类型，都是建立在一定资源基础之上的，我们谈休闲农业与乡村旅游资源禀赋、评价及其开发，离不开对上述发展类型与模式的研究，到具体的项目规划与建设，也需要对典型案例进行分析与借鉴。

第五章　新型农业经营体系的构建

第一节　新型农业经营体系内涵

一、新型农业经营体系的概念

新型农业经营体系是以一家一户的家庭为单一农业生产经营主体的原有农业经营体系相对应的一种新农业经营体系，是对农村家庭联产承包责任制的一种继承与发展。具体而言，新型农业经营体系是指大力培育发展新型农业经营主体，逐步形成以家庭承包经营为基础，专业大户、家庭农场、农民合作社、农业产业化龙头企业为骨干，其他组织形式为补充的一种新型的农业经营体系。

二、新型农业经营体系的特征

新型农业经营体系是集约化、专业化、组织化和社会化四个方面有机结合的产物。

（一）集约化

集约化是相对于粗放化而言的一种经营体系。新型农业经营体系将集约化作为其基本特征之一，一方面顺应了现代农业集约化发展的趋势；另一方面正是为了消除近年来部分地区农业粗放化发展的负面影响。在新型农业经营体系中，集约化包括三方面的含义：一是单位面积土地上要素投入强度的提高；二是要素投入质量的提高和投入结构的改善，特别是现代科技和人力资本、现代信息、现代服务、现代发展理念、现代装备设施等创新要素的密集投入及其对传统要素投入的替代；三是农业经营方式的改善，包括要素组合关系的优化和要素利用效率、效益的提高。农业集约化的发展，有利于增强农业产业链和价值链的创新能力，但也对农业节本增效和降低风险提出新的更高层次的要求。推进农业集约化，往往是发展内涵型农业规模经营的重要途径。

（二）专业化

专业化是相对于兼业化，特别是“小而全”“小而散”的农业经营方式而言，旨在顺应发展现代农业的要求，更好地通过深化分工协作，促进现代农业的发展，提高农业的资源利用率和要素生产率。从国际经验来看，现代农业的专业化实际上包括两个层面：第一，农业生产经营或服务主体的专业化。如鼓励“小而全”“小而散”的农户家庭经营向专业化发展，形成“小而专、专而协”的农业经营格局。结合支持土地流转，促进农业生产经营的规模化，发展专业大户、家庭农场等，有利于促进农业生产经营的专业化。培育信息服务、农机服务等专业服务提供商，也是推进农业专业化的重要内容。第二，农业的区域专业化，如建设优势农产品产业带、产业区。从国内外经验看，农业区域专业化的发展，可以带动农业区域规模经济，是发展区域农业规模经营的重要途径。专业化的深化，有利于更好地分享分工协作效应，但也对生产和服务的社会化提出更高层次的期待。

（三）组织化

组织化主要是与分散化相对应的，包括三方面的含义：第一，新型农业生产经营主体或服务主体的发育及与此相关的农业组织创新。第二，引导农业生产经营或服务主体之间强化横向联合和合作，包括发展农民专业合作社、农民专业协会等，甚至支持发展农民专业合作社联合社、农产品行业协会。第三，顺应现代农业的发展要求，提高农业产业链的分工协作水平和纵向一体化程度。培育农业产业链核心企业对农业产业链、价值链的整合能力及其带动农业产业链、价值链升级的能力，促进涉农三次产业融合发展等，增进农业产业链不同参与者之间的合作伙伴关系，均属组织化的重要内容。

（四）社会化

社会化往往建立在专业化的基础之上。新型农业经营体系将社会化作为其基本特征之一，主要强调两个方面：一是农业发展过程的社会参与；二是农业发展成果的社会分享。农业产业链，换个角度看，也是农产品供应链和农业价值链。农业发展全过程的社会参与，顺应了农业产业链一体化的趋势。近年来，随着现代农业的发展，农业产业链主要驱动力正在呈现由生产环节向加工环节以及流通等服务环节转移的趋势，农业生产性服务业对现代农业产业链的引领支撑作用也在不断增强。这些方面均是农业发展过程中社会参与程度提高的重要表现。农业发展过程的社会分享，不仅表现为农业商品化程度的提高，而且表现为随着从传统农业向现代农业的转变，农业产业链逐步升级，并与全球农业价值链进行有效对接。

在现代农业发展中，农业产业链消费者主权的强化和产业融合关系的深化，农业产前、产后环节利益主体参与农业产业链利益分配的深化，以及农业产业链与能源产业链、金融服务链的交融渗透，都是农业发展成果社会分享程度提高的重要表现。农业发展过程社会参与和分享程度的提高，增加了提高农业组织化程度的必要性和紧迫性。因为通过提高农业组织化程度，促进新型农业生产经营主体或服务主体的成长、增进其相互之间的联合和合作等，有利于保护农业生产环节的利益，避免农业产业链的利益分配过度向加工、流通、农资供应等产前、产后环节倾斜，有利于保护农业综合生产能力和可持续发展能力。

在新型农业经营体系中，集约化、专业化、组织化和社会化强调的重点不同。集约化和专业化更多地强调微观或区域中观层面，重点在于强调农业经营方式的选择。组织化横跨微观层面和产业链中观层面，致力于提高农业产业组织的竞争力，增强农业的市场竞争力和资源要素竞争力，影响利益相关者参与农业产业链利益分配的能力。社会化主要强调宏观方面，也是现代农业产业体系运行的外在表现，其直接结果是现代农业产业体系的发育。在新型农业产业体系的运行中，集约化、专业化、组织化和社会化应该是相互作用、不可分割的，它们是支撑新型农业经营体系“大厦”的“基石”，不可或缺。

第二节　新型农业经营主体

一、专业大户

（一）专业大户的内涵

1. 大户。在认识专业大户之前，先了解一下“大户”的定义。“大户”原指有技术、会经营，勤劳致富的人家。这些人家与农业联系后，大户的定义就超出了原来的定义范围，其农业经营形式更加广泛。

目前，人们对“大户”的称呼或提法不尽相同，大体有以下五种：一是龙头企业，一般是指以从事农副产品加工和农产品运销为主的大户；二是庄园经济，一般是指丘陵山区专业化种养大户和“四荒”治理大户；三是产业大户，主要是指通过“四荒”开发形成主导产业，进行综合经营的大户；四是农业经营大户，泛指从事种植、养殖、加工、销售、林业、水产生产经营的大户；五是农业产业化经营大户，与第四种提法基本相同。相较而言，“大户”的提法，其涵盖面广，符合现代经营的概念，贴切事物的本质。这里有一个龙头企业与“大户”两个提法的关系问题。往往有人提问：“大户”不就是龙头企业吗？可以说，“大户”都是“龙头”，但“龙头”不一定都是企业。农业产业化经营中的龙头企业，一般都是农副产品加工和运销企业，而“大户”包括种植、养殖、加工、销售各类经营大户，其中有的还没有升级为企业，有的原本就是注册企业。所以，是否一个企业，并非“大户”的一般标准，而是“大户”发展过程中的一个较高阶段的标志。农业产业化经营中的龙头企业是“大户”的一种高级形式。辨别“大户”的主要标准，主要看它是否具有示范、组织和带动功能。

2. 专业大户。专业大户是新型农业经营主体的一种形式，承担着农产品生产尤其是商品生产的功能，以及发挥规模农户的示范效应，向注重引导其向采用先进科技和生产手段的方向转变，增加技术、资本等生产要素投入，着力提高集约化水平。

专业大户包括种养大户、农机大户等。种养大户，通常指那些种植或养殖生产规模明显大于当地传统农户的专业化农户，是指以农业某一产业的专业化生产为主，初步实现规模经营的农户。农机大户是指有一定经济实力、在村中有一定威望和影响，并有一定农机化基础和农机运用管理经验的农机户。

3. 专业大户的特点。专业大户的特点一般表现为：自筹资金的能力较强，能吸引城镇工商企业积累和居民储蓄投入农业开发；产业选定和产品定位符合市场需求；有适度的经营规模；采用新的生产经营方式，能组织和带动农民增收致富；生产产品的科技含量较高；产品的销售渠道较稳定，有一定的市场竞争力。

与传统分散的一家一户经营方式相比，专业大户规模化、集约化、产业化程度高，在提高农民专业化程度、建设现代农业、促进农民增收等方面发挥的作用日益显现，为现代农业发展和农业经营体制创新注入了新活力。专业大户凭借较大的经营规模、较强的生产能力和较高的综合效益，成为现代农业的一支生力军。

（二）专业大户的标准

目前，国家还没有专业大户的评定标准。各地各行业的认定标准都是依据本地实际来制定的，具有一定的差别。但是划定“专业大户”的依据是相同的，主要看其规模，其计量单位分别是：种植大户以亩数计，养殖大户以头数计，农产品加工大户以投资额计，“四荒”开发大户以亩数计。这样划定既是必要的，又是可行的。以下列举河北省唐山市和江西省赣州市对专业大户所做的统计标准。

1. 唐山市专业大户标准。

（1）粮棉油种植大户。规模标准：经营耕地面积 66600 平方米及以上。生产标准：耕、种、收全部实现机械化，标准化生产和高产栽培技术应用面积、作物优种率均达到 100% 以上，有仓储设备设施，商品粮率达到 85% 以上。质量安全标准：使用有机肥等生物质肥料，无公害、绿色、有机生产面积占播种面积 80% 以上，农产品质量符合国家质量标准。

（2）蔬菜种植（食用菌栽培）大户。规模标准：露地蔬菜集中成片经营面积 33300 平方米以上，设施棚室蔬菜集中成片经营 20000 平方米以上，食用菌年栽培规模 10000~50000 袋。质量安全标准：按照无公害、绿色、有机生产技术规程实行标准化生产，产地环境检测合格，产品符合无公害、绿色或有机食品要求。

（3）畜牧业养殖大户。规模标准：生猪常年存栏1000头以上，奶牛存栏300头以上，蛋鸡存栏10000只以上，肉鸡年出栏50000只以上，肉牛年出栏500头以上，肉羊年出栏500只以上。生产标准：取得动物防疫条件合格证、畜禽养殖代码证，在县（市）区畜牧兽医行政主管部门备案，按照有关要求建立规范的养殖档案。质量安全标准：场区有污染治理措施，完成农牧、环保的节能减排改造。

（4）水产养殖大户。规模标准：建成池塘养殖面积39960平方米以上；温棚、工厂化车间等养殖设施面积3000平方米以上；海水标准化深水网箱养殖200箱或3000平方米以上；其他养殖方式水产品年产量200吨以上。生产标准：持有水域滩涂养殖证，工厂化养殖场同时有土地使用证或土地租赁合同；全程无使用禁用药品行为；生产操作规范化，有水产养殖生产、用药和水产品销售记录；名、特、优养殖品种率达70%以上。

（5）农机大户。拥有80千瓦以上大中型动力机械和配套机具，固定资产总值20万元以上，从事农机作业社会化服务，年农机服务纯收入5万元以上，农机服务纯收入占家庭年纯收入50%以上；农业机械科技含量高、能耗低。

（6）造林大户。规模标准：山区造林面积不少于399600平方米，平原造林面积不少于240000平方米，工程造林苗木栽培面积不少于133200平方米，园林绿化苗木栽培面积不少于66600平方米，设施花卉栽培净面积不少于7000平方米。

（7）果品大户。规模标准：水果栽培面积不少于33300平方米，干果栽培面积不少于66600平方米，设施果品栽培净面积不少于7000平方米。栽培管理标准：按照无公害、绿色或有机果品生产方式组织生产。

2. 赣州市专业大户标准。对各类农业种养大户的认定，赣州市确定了相关标准。

（1）种粮大户。年内单季种植粮食（水稻）面积66600平方米及以上。

（2）经济作物种植大户。果树种植大户，种植经营果园面积66600平方米及以上；蔬菜种植大户，年内种植蔬菜面积13320平方米及以上，且当年种植两季以上；白莲种植大户，年内种植白莲面积13320平方米及以上；西瓜种植大户，年内种植西瓜面积13320平方米及以上；食用菌种植大户，年内种植食用菌10万袋及以上；茶叶种植大户，种植茶叶面积33300平方米及以上。

（3）畜禽养殖大户。生猪养殖大户，生猪年出栏500头以上；肉牛养殖大户，肉牛年出栏50头以上；奶牛养殖大户，奶牛存栏10头以上；养羊大户，羊年出栏300只以上；肉用家禽养殖大户，肉鸡年出栏5000羽以上、肉鸭年出栏5000羽以上、肉鹅年出栏2000羽以上；蛋用家禽养殖大户，蛋用家禽存栏1000羽以上；养兔大户，肉兔出栏3000只以上；养蜂大户，养蜂箱数50箱以上。

（4）水产养殖大户。一般水产池（山）塘养殖水面面积13320平方米及以上，年总产量20吨以上，年总产值20万元以上；特种水产池（山）塘养殖面积6660平方米及以上，年总产量2.5吨以上，年总产值20万元以上。

（三）专业大户的功能

专业大户是规模化经营主体的一种形式，承担着农产品生产尤其是商品生产的功能，以及发挥规模农户的示范效应，向注重引导其向采用先进科技和生产手段的方向转变，增加技术、资本等生产要素投入，着力提高集约化水平。

二、家庭农场

（一）家庭农场的内涵

家庭农场是指在家庭联产承包责任制的基础上，以农民家庭成员为主要劳动力，运用现代农业生产方式，在农村土地上进行规模化、标准化、商品化农业生产，并以农业经营收入为家庭主要收入来源的新型农业经营主体。一般都是独立的市场法人。

2013 年中央一号文件提出，鼓励和支持承包土地向专业大户、家庭农场、农民合作社流转，发展多种形式的适度规模经营。这也是“家庭农场”概念首次出现在中央一号文件中。因此，积极发展家庭农场，是培育新型农业经营主体，进行新农村经济建设的重要一环。家庭农场的重要意义在于：随着我国工业化和城镇化的快速发展，农村经济结构发生了巨大变化，农村劳动力大规模转移，部分农村出现了弃耕、休耕现象。一家一户的小规模农业经营，已显现出不利于当前农业生产力发展的现实状况。为进一步发展现代农业，农村涌现出了农业合作组织、家庭农场、种植大户、集体经营等不同的经营模式，并且各自的效果逐渐显现出来，尤其是发展家庭农场的意义更为突出。家庭农场的意义具体表现在：一是有利于激发农业生产活力。通过发展家庭农场可以加速农村土地合理流转，减少了弃耕和休耕现象，提高了农村土地利用率和经营效率。同时，能够有效解决目前农村家庭承包经营效率低、规模小、管理散的问题。二是有利于农业科技的推广应用。通过家庭农场适度的规模经营，能够机智灵活地应用先进的机械设备、信息技术和生产手段，大大提高农业科技新成果集成开发和新技术的推广应用，并在很大程度上能够降低生产成本投入，大幅提高农业生产能力，加快传统农业向现代农业的有效转变。三是有利于农业产业结构调整。通过专业化生产和集约化经营，发展高效特色农业，可较好地解决一般农户在结构调整中不敢调、不会调的问题。四是有利于保障农产品质量安全。家庭农场有一定的规模，并进行了工商登记，更加注重品牌意识和农产品安全，农产品质量将得到有效保障。

（二）家庭农场的主要特征

目前，我国家庭农场虽然起步时间不长，还缺乏比较清晰的定义和准确的界定标准，但是一般来说家庭农场具有以下特征：

1. 家庭经营。家庭农场是在家庭承包经营基础上发展起来的，它保留了家庭承包经营的传统优势，同时又吸纳了现代农业要素。经营单位的主体仍然是家庭，家庭农场主仍是所有者、劳动者和经营者的统一体。因此，可以说家庭农场是完善家庭承包经营的有效途径，是对家庭承包经营制度的发展和完善。

2. 适度规模。家庭农场是一种适应土地流转与适度规模经营的组织形式，是对农村土地流转制度的创新。家庭农场必须实现一定的规模，才能够融合现代农业生产要素，具备产业化经营的特征。同时，由于家庭仍旧是经营主体，受资源动员能力、经营管理能力和风险防范能力的限制，使得经营规模必须处在可控的范围内，不能太少也不能太多，表现出了适度规模性。

3. 市场化经营。为了增加收益和规避风险，农户的一个突出特征就是同时从事市场性和非市场性农业生产活动。市场化程度的不统一与不均衡是农户的突出特点。而家庭农场则是通过提高市场化程度和商品化水平，不考虑生计层次的均衡，而是以盈利为根本目的的经济组织。市场化经营成为家庭农场经营与农户家庭经营的区别标志。

4. 企业化管理。根据家庭农场的定义，家庭农场是经过登记注册的法人组织。农场主首先是经营管理者，其次才是生产劳动者。从企业成长理论来看，家庭农户与家庭农场的区别在于，农场主是否具有协调与管理资源的能力。因此，家庭农场的基本特征之一，就是以现代企业标准化管理方式从事农业生产经营。

（三）家庭农场的功能

家庭农场的功能与专业大户基本一样，承担着农产品生产尤其是商品生产的功能，以及发挥规模农户的示范效应，引导向采用先进科技知识和生产方式的方向转变，增加技术、资本等生产要素投入，着力提高集约化水平。

三、农民合作社

（一）农民合作社的概念

《中华人民共和国农民专业合作社法》对农民专业合作社的定义是：“农民专业合作社是在农村家庭承包经营基础上，同类农产品的生产经营者或者同类农业生产经营服务的提供者、利用者，自愿联合、民主管理的互助性经济组织。”

这一定义包含着三方面的内容：第一，农民专业合作社坚持以家庭承包经营为基础；第二，农民专业合作社由同类农产品的生产经营者或者同类农业生产经营服务的提供者、利用者组成；第三，农民专业合作社的组织性质和功能是自愿联合、民主管理的互助性经济组织。2013 年中央一号文件把农民专业合作社称为农民合作社，并给予了很高的发展定位，文件提出，农民合作社是带动农户进入市场的基本主体，是发展农村集体经济的新型实体，是创新农村社会管理的有效载体。

（二）农民合作社的特征

自愿、自治和民主管理是合作社制度最基本的特征。农民专业合作社作为一种独特的经济组织形式，其内部制度与公司型企业相比有着本质区别。股份公司制度的本质特征是建立在企业利润基础上的资本联合，目的是追求利润的最大化，“资本量”的多寡直接决定盈余分配情况。但在农民专业合作社内部，起决定作用的不是成员在本社中的“股金额”，而是在与成员进行服务过程中，发生的“成员交易量”。农民专业合作社的主要功能，是为社员提供交易上所需的服务，与社员的交易不以营利为目的。年度经营中所获得的盈余，除了一小部分留作公共积累外，大部分要根据社员与合作社发生的交易额的多少进行分配。实行按股分配与按交易额分配相结合，以按交易额分配返还为主，是农民专业合作社分配制度的基本特征。农民专业合作社与外部其他经济主体的交易，要坚持以营利最大化为目的的市场法则。因此，农民专业合作社的基本特征表现在:

①在组织构成上，农民专业合作社以农民作为合作经营与开展服务的主体，主要由进行同类农产品生产、销售等环节的公民、企业、事业单位联合而成，农民要占成员总人数的 80% 以上，从而构建了新的组织形式。

②在所有制结构上，农民专业合作社在不改变家庭承包经营的基础上，实现了劳动和资本的联合，从而形成了新的所有制结构。

③在盈余分配上，农民专业合作社对内部成员不以盈利为目的，将可分配盈余大部分返还给成员，从而形成了新的盈余分配制度；在管理机制上，农民专业合作社遵循人社自愿、退社自由、民主选举、民主决策等原则，构建了新的经营管理体制。

（三）农民合作社的功能

农民合作社集生产主体和服务主体为一身，融普通农户和新型主体于一体，具有联系农民、服务自我的独特功能。农民专业合作社发挥带动散户、组织大户、对接企业、联结市场的功能，进而提升农民组织化程度。在农业供给侧结构性改革中，农民合作社自身既能根据市场需求做出有效响应，也能发挥传导市场信息、统一组织生产、运用新型科技的载体作用，把分散的农户组织起来开展生产，还能让农户享受到低成本、便利化的自我服务，有效弥补了分散农户经营能力上的不足。

四、农业龙头企业

（一）农业产业化

1. 农业产业化的概念。农业产业化是指在市场经济条件下，以经济利益为目标，将农产品生产、加工和销售等不同环境的主体联结起来，实行农工商、产供销的一体化、专业化、规模化、商品化经营。农业产业化促进传统农业向现代农业转变，能够解决当前一系列农业经营和农村经济深层次的问题和矛盾。

2. 农业产业化的要素。

（1）市场是导向。市场是导向，也是起点和前提。发展“龙型”经济必须把产品推向市场，占领市场，这是形成“龙型”经济的首要前提，市场是制约“龙型”经济发展的主要因素。农户通过多种措施，使自己的产品通过“龙型”产业在市场上实现其价值，真正成为市场活动的主体。为此，要建设好地方市场，开拓外地市场。地方市场要与发展“龙型”产业相结合，有一个“龙型”产业，就建设和发展一个批发或专业市场，并创造条件，使之向更高层次发展；建设好一个市场就能带动一批产业的兴起，实现产销相互促进，共同发展。同时要积极开拓境外市场和国际市场，充分发挥优势产品和地区资源优势。

（2）中介组织是连接农户与市场的纽带和桥梁。中介组织的形式是多样的。龙头企业是主要形式，在经济发达地区龙头企业可追求“高、大、外、深、强”；在经济欠发达地区，可适合“低、小、内、粗”企业。除此之外，还有农民专业协会、农民自办流通组织。

（3）农户是农业产业化的主体。在农业生产经营领域之内，农户的家庭经营使农业生产和经营管理两种职能合为农户的家庭之内，管理费用少，生产管理责任感强，最适合农业生产经营的特点，初级农产品经过加工流通后在市场上销售可得到较高的利润。当前，在市场经济条件下，亿万农民不但成为农业生产的主体，而且成为经营主体。现在农村问题不在家庭经营上，而是作为市场主体的农户在走向市场过程中遇到阻力，亿万农民与大市场连接遇到困难。此时各种中介组织，帮助农民与市场联系起来。农户既是农业产业化的基础，又是农业产业化的主体。他们利用股份合作制多种形式，创办加工、流通、科技各类中介组织，使农产品的产加销、贸工农环节连接起来，形成大规模产业群并拉长产业链，实现农产品深度开发，多层次转化增值，不断推进农业产业化向深度发展。

（4）规模化是基础。从一定意义上讲，“龙型”经济是规模经济，只有规模生产，才有利于利用先进技术，产生技术效益；只有规模生产，才有大量优质产品。提高市场竞争力，才能占领市场。形成规模经济，要靠龙头带基地，基地连农户，主要是公司与农户形成利益均等、风险共担的经济共同体，使农户与公司建立比较稳定的协作关系。公司保证相应的配套服务，农民种植有指导，生产过程有服务，销售产品有保证，农民生产减少市场风险，使得农户间的竞争变成了规模联合优势，实现了公司、农户效益双丰收。

3. 农业产业化的基本特征。农业产业化经营作为把农产品生产、加工、销售诸环节联结成完整的农业产业链的一种经营体制，与传统封闭的农业生产方式和经营方式相比，农业产业化有以下基本特征：

（1）产业专业化。农业产业化经营把农产品生产、加工、销售等环节联结为一个完整的产业体系，这就要求农产品生产、加工、销售等环节实行分工分业和专业化生产；农业产业化经营以规模化的农产品基地为基础，这就要求农业生产实行区域化布局和专业化生产；农业产业化经营以基地农户增加收入和持续生产为保障，这就要求农户生产实行规模化经营和专业化生产。只有做到每类主体的专业化、每个环节的专业化和每块区域的专业化，农业产业化经营的格局才能形成，更大范围的农业专业化分工与社会化协作的格局才能形成。

（2）产业一体化。农业产业化经营是通过多种形式的联合与合作，形成市场牵龙头、龙头带基地、基地连农户的贸工农一体化经营方式。这种经营方式既使千家万户“小生产”和千变万化的“大市场”联系起来，又使城市和乡村、工业和农业联结起来，还使外部经济内部化，从而使农业能适应市场需求、提高产业层次、降低交易成本、提高经济效益。

（3）管理企业化。农业产业化经营把农业生产当作农业产业链的“第一车间”来进行科学管理，这既能使分散的农户生产及其产品逐步走向规范化和标准化，又能及时组织生产资料供应和全程社会化服务，还能使农产品在产后进行筛选、储存、加工和销售。

（4）服务社会化。农业产业化经营各个环节的专业化，使得“龙头”组织、社会中介组织和科技机构能够对产业化经营体内部各组成部分提供产前、产中、产后的信息，技术、经营、管理等全方位的服务，促进各种生产要素直接、紧密、有效地结合。

（二）农业产业化龙头企业

1. 农业产业化龙头企业的概念。农业产业化龙头企业是指以农产品生产、加工或流通为主，通过订单合同、合作方式等各种利益联结机制与农户相互联系，带动农户进入市场，实现产供销、贸工农一体化，使农产品生产、加工、销售有机结合、相互促进，具有开拓市场、促进农民增收、带动相关产业等作用，在规模和经营指标方面符合规定标准并经过政府有关部门认定的企业。

2. 农业产业化龙头企业的优势。农业产业化龙头企业弥补了农户分散经营的劣势，将农户分散经营与社会化大市场有效对接，利用企业优势进行农产品加工和市场营销，增加了农产品的附加值，弥补了农户生产规模小、竞争力有限的不足，延长了农业产业链条，改变了农产品直接进入市场、农产品附加值较低的局面。农业产业化还将技术服务、市场信息和销售渠道带给农户，提高了农产品精深加工水平和科技含量，提高了农产品市场开拓能力，减小了经营风险，提供了生产销售的畅通渠道。通过解决农产品销售问题促进了种植业和养殖业的发展，提升了农产品竞争力。

农业产业化龙头企业能够适应复杂多变的市场环境，具有较为雄厚的资金、技术和人才优势。龙头企业改变了传统农业生产自给自足的落后局面，用工业发展理念经营农业，强化了专业分工和市场意识，为农户农业生产的各个环节提供一条龙服务，为农户提供生产技术、金融服务、人才培训、农资服务、品牌宣传等生产性服务，实现了企业与农户之间的利益联结，能够显著提高农业的经济效益，促进农业可持续发展。

农业产业化龙头企业的发展有利于促进农民增收。一方面，龙头企业通过收购农产品直接带动农民增收，企业与农户建立契约关系，成为利益共同体，向农民提供必要的生产技术指导。提高农业生产的标准化水平，促进农产品质量和产量的提升。保证了农民的生产销售收入，同时增强了我国农产品的国际竞争力，创造了更多的市场需求。农户还可以以资金等多种要素的形式入股农业产业化龙头企业，获得企业分红，鼓励团队合作，促进农户之间的相互监督和良性竞争。另一方面，农业产业化龙头企业的发展创造了大量的劳动力就业岗位，释放了农村劳动力，解决了部分农村劳动力的就业问题。

农业产业化龙头企业的发展提高了农业产业化水平，促进了农产品产供销一体化经营。通过技术创新和农产品深加工，提高资源的利用效率，提高了农产品质量，解决了农产品难卖的问题。改造了传统农业，促进大产业、大基地和大市场的形成，形成从资源开发到高附加值的良性循环，提升了农业产业竞争力，起到了农产品结构调整的示范作用和市场开发的辐射作用，带动农户走向农业现代化。

农业产业化龙头企业是农村的有机组成部分，具有一定的社会责任。龙头企业参与农村村庄规划，配合农村建设，合理规划生产区、技术示范区、生活区、公共设施等区域，并且制定必要的环保标准，推广节能环保的设施建设。龙头企业培养企业的核心竞争力，增强抗风险能力，在形成完全的公司化管理后，还可以将农民纳入社会保障体系，维护了农村社会的稳定发展。

（三）农业产业化龙头企业标准

农业产业化龙头企业包括国家级、省级和市级等，分别有一定的标准。

1. 农业产业化国家级龙头企业标准。农业产业化国家级龙头企业是指以农产品加工或流通为主，通过各种利益联结机制与农户相联系，带动农户进入市场，使农产品生产、加工、销售有机结合、相互促进，在规模和经营指标上达到规定标准并经全国农业产业化联席会议认定的企业。农业产业化国家级龙头企业必须达到以下标准：

（1）企业组织形式。依法设立的以农产品生产、加工或流通为主业、具有独立法人资格的企业。企业组织形式包括根据《中华人民共和国公司法》设立的公司，其他形式的国有、集体、私营企业以及中外合资经营、中外合作经营、外商独资企业，直接在工商管理部门注册登记的农产品专业批发市场等。

（2）企业经营的产品。企业中农产品生产、加工、流通的销售收入（交易额）占总销售收入（总交易额）的 70% 以上。

（3）生产、加工、流通企业规模。总资产规模：东部地区 1.5 亿元以上，中部地区1亿元以上，西部地区5000万元以上；固定资产规模：东部地区5000万元以上，中部地区3000万元以上，西部地区2000万元以上；年销售收入：东部地区2亿元以上，中部地区1.3亿元以上，西部地区6000万元以上。农产品专业批发市场年交易规模。东部地区15亿元以上，中部地区10亿元以上，西部地区8亿元以上。

（4）企业效益。企业的总资产报酬率应高于现行一年期银行贷款基准利率；企业应不欠工资、不欠社会保险金、不欠折旧，无涉税违法行为，产销率达93%以上。

（5）企业负债与信用。企业资产负债率一般应低于60%；有银行贷款的企业，近2年内不得有不良信用记录。

（6）企业带动能力。鼓励龙头企业通过农民专业合作社、专业大户直接带动农户。通过建立合同、合作、股份合作等利益联结方式带动农户的数量一般应达到：东部地区400户以上，中部地区3500户以上，西部地区1500户以上。企业从事农产品生产、加工、流通过程中，通过合同、合作和股份合作方式从农民、合作社或自建基地直接采购的原料或购进的货物占所需原料量或所销售货物量的70%以上。

（7）企业产品竞争力。在同行业中企业的产品质量、产品科技含量、新产品开发能力处于领先水平，企业有注册商标和品牌。产品符合国家产业政策、环保政策，并获得相关质量管理标准体系认证，近2年内没有发生产品质量安全事件。

2. 农业产业化省级龙头企业标准。农业产业化省级龙头企业是指以农产品加工或流通为主，通过各种利益联结机制与农户相联系，带动农户进入市场，使农产品生产、加工、销售有机结合、相互促进，在规模和经营指标上达到规定标准，经省人民政府审核的企业。不同的省，设定的标准有所区别。以湖南省为例，湖南省农业产业化省级龙头企业必须符合以下标准：

（1）企业组织形式。依法设立的以农产品加工或流通为主业、具有独立注入资格的企业。包括依照《中华人民共和国公司法》设立的公司，其他形式的国有、集体、私营企业以及中外合资经营、中外合作经营、外商独资企业，直接在工商行政管理部门登记开办的农产品专业批发市场等。

（2）企业经营的产品。企业中农产品加工、流通的增加值占总增加值的70%以上。

加工、流通企业规模：总资产500万元以上；固定资产200万元以上；年销售收入700万元以上；农产品专业批发市场年交易额30亿元以上。

（3）企业效益。企业的总资产报酬率应高于同期银行贷款利率；企业应不欠税、不欠工资、不欠社会保险金、不欠折旧，不亏损。

（4）企业负债与信用。企业资产负债率一般应低于60%；企业银行信用等级在A级以上（含A级）。

（5）企业带动能力。通过建立可靠、稳定的利益联结机制带动农户（特种养殖业和农垦企业除外）的数量一般应达到3000户以上；企业从事农产品加工、流通过程中，通过订立合同、入股和合作方式采购的原料或购进的货物占所需原料量或所销售货物量的 70% 以上。

（6）企业产品竞争力。在同行业中企业的产品质量、产品科技含量、新产品开发能力居领先水平，主营产品符合国家产业政策、环保政策和质量管理标准体系，产销率达 93% 以上。

3. 农业产业化市级龙头企业标准。市级农业产业化重点龙头企业是指以农产品生产、加工、流通以及农业新型业态为主业，通过各种利益联结机制，带动其他相关产业和新型农业经营主体发展，促进当地农业主导产业壮大，促进农民增收，经营规模、经济效益、带动能力等各项指标符合市级龙头企业认定和监测标准，并经市人民政府认定的企业。

不同的市也有不同的认定标准，以河北省唐山市为例，农业产业化市级龙头企业应达到如下标准：

（1）企业组织形式。在各级工商部门注册，具有独立法人资格的企业，包括依照《中华人民共和国公司法》设立的公司，其他形式的国有、集体、私营企业以及中外合资经营、中外合作经营、外商独资企业，农产品专业批发市场等。

（2）企业经营的产品。以农产品生产、加工、流通以及农业休闲采摘、观光旅游等新型业态为主业，且主营收入占企业总收入的 70% 以上。

（3）企业规模。不同类型的企业需分别达到以下规模：

a. 生产型龙头企业。总资产 1000 万元以上，固定资产 500 万元以上，年销售收入在 1000 万元以上。

b. 加工型龙头企业。总资产 200 万元以上，固定资产 1000 万元以上，年销售收入在 2000 万元以上。

c. 流通型龙头企业。农产品专业批发市场年交易规模在 1 亿元以上；电子商务类等其他流通类龙头企业年销售收入在 1000 万元以上。

d. 融合发展型龙头企业。总资产 1000 万元以上，固定资产 500 万元以上，年销售收入在 1000 万元以上。

（4）融合发展型龙头企业指农业各产业环节相互连接的产业链型企业，或以农业为基础发展农产品加工、休闲旅游观光等产业的龙头企业。

（5）企业效益。企业连续 2 年生产经营正常且不出现亏损，总资产报酬率应高于同期一年期央行贷款基准利率。

（6）企业负债与信用。企业产权清晰，资产结构合理，资产负债率原则上要低于 60%。企业守法经营，无涉税违法问题，不拖欠工人工资，工商、税务、财政、金融、司法、环保等部门征信及管理系统记录良好。企业诚信、声誉、美誉度较高。

企业带动能力。生产型企业通过订立合同、入股和合作等方式，直接带动农户 100 户以上，间接带动农户达到 1000 户以上；加工型企业通过建立稳定的利益联结机制，直接带动相关农业企业、合作社、家庭农场、专业大户等新型农业经营主体5家以上，直接和间接带动农户达到100户以上；流通型企业间接带动农户达到3000户以上；融合发展型企业直接带动农户100户以上，间接带动达到1000户以上。

（7）企业产品竞争力。在同行业中企业的产品质量、产品科技含量、新产品开发能力居先进水平，主营产品符合国家产业政策、环保标准和质量管理标准要求。近2年内未发生重大环境污染事故、无重大产品质量安全事件。主营产品产销率达90%以上。

（8）商标品牌。企业产品注册商标，实行标准化生产管理，获得GAP、ISO、HACCP等国际国内标准体系认证、出口产品注册、各级名牌（商标）认定，或通过无公害农产品、绿色食品、有机食品认证等。

（四）龙头企业的功能定位

在某个行业中，对同行业的其他企业具有很深的影响、号召力和一定的示范、引导作用，并对该地区、该行业或者国家做出突出贡献的企业，被称为龙头企业。龙头企业产权关系明晰、治理结构完善、管理效率较高，在高端农产品生产方面有显著的引导示范效应。当前，有近九成的国家重点龙头企业建有专门的研发中心。省级以上龙头企业中，来自订单和自建基地的采购额占农产品原料采购总额的三分之二，获得省级以上名牌产品和著名商标的产品超过50%，“微笑曲线”的弯曲度越来越大，不断向农业产业价值链的高端提升。

五、新型农业经营主体间的联系与区别

（一）新型农业经营主体之间的联系

专业大户、家庭农场、农民合作社和农业龙头企业是新型农业经营体系的骨干力量，是在坚持以家庭承包经营为基础上的创新，是现代农业建设，保障国家粮食安全和重要农产品有效供给的重要主体。随着农民进城落户步伐加快及土地流转速度加快、流转面积的增加，专业大户和家庭农场有很大的发展空间，或将成为职业农民的中坚力量，将形成以种养大户和家庭农场为基础，以农民合作社、龙头企业和各类经营性服务组织为支持，多种生产经营组织共同协作、相互融合，具有中国特色的新型经营体系，推动传统农业向现代农业转变。

专业大户、家庭农场、农民合作社和农业龙头企业，他们之间在利益联结等方面有着密切的联系，紧密程度视利益链的长短，形式多样。例如：专业大户、家庭农场为了扩大种植影响，增强市场上的话语权，牵头组建“农民合作社＋专业大户＋农户”“农民合作社＋家庭农场＋专业大户＋农户”等形式的合作社，这种形式在各地都占有很大比例，甚至在一些地区已成为合作社的主要形式；农业龙头企业为了保障有稳定的、

质优价廉原料供应，组建“龙头企业+家庭农场+农户”“龙头企业+家庭农场+专业大户+农户”“龙头企业+合作社+家庭农场+专业大户+农户”等形式的农民合作社。但是他们之间也有不同之处。

（二）新型农业经营主体主要指标，如表 5-1 所示。

表5-1　新型农业经营主体主要指标对照表

类型	领办人身份	雇工	其他
种养大户	没有限制	没有限制	规模要求
家庭农场	农民+其他长期从事农业生产的人员	雇工不超过家庭劳动力数	规模要求、收入要求
农民合作社	执行与合作社有关的公务人员不能担任理事长；具有管理公共事务的单位不能加入合作社	没有限制	20人以上农民数量须占80%；5人至20人农民须占5%，5人以下为1人
龙头企业	没有要求	没有限制	注册资金要求

第三节　推进新型农业经营主体建设

一、以新理念引领新型农业经营主体

目前，我国农业经营主体是专业大户、家庭农场、农民合作社、农业企业等多元经营主体共存。在此基础上培育新型农业经营主体，发展适度规模经营，构建多元复合、功能互补、配套协作的新机制，必须遵循融合、共享、开放等新发展理念。

不同经营主体具有不同功能、不同作用，融合发展可以实现优势和效率的倍增。既要鼓励发挥各自的独特作用，又要引导各主体相互融合，积极培育和发展家庭农场联盟、合作社联合社、产业化联合体等。比如，四川简阳生猪养殖就推行了“六方合作”，即养猪户、合作社、保险公司、金融机构、买猪方、政府六方共同合作，把畜牧产业链条上各主体、各要素紧密串联，实现了多方共赢。安徽、河北等地也在探索发展农业产业化联合体，他们以龙头企业为核心、农民合作社为纽带、家庭农场和专业大户为基础，双方、多方或全体协商达成契约约定，形成了更加紧密、更加稳定的新型组织联盟。各主体分工协作、相互制约、形成合力，实现经营的专业化、标准化，以及产出规模化和共同利益的最大化，是实现第一、第二、第三产业融合发展的有效形式。

农民的钱袋子是否鼓起来，是检验新型农业经营主体发展成效的重要标准。一定要避免强者越强、弱者越弱，主体富了，农民依然原地踏步的情况发生。特别是在企业与农民的合作与联合中，一定要建立共享机制，促进要素资源互联互通，密切企业与农民、合作社与合作社、企业与家庭农场、企业与合作社等之间的合作，从简单的买卖、雇佣、租赁行为，逐步向保底收购、合作、股份合作、交叉持股等紧密关系转变，形成利益共同体、责任共同体和命运共同体。农业农村部组织开展的土地经营权入股发展产业化经营试点，一年多时间，7个试点县（市、区）共有13家农业企业、9家合作社开展了土地入股探索，涉及农户1.4万多户、土地面积5.1万多亩，形成了直接入股公司、入股合作社、农民与原公司成立新公司、非公司制股份合作经营、公司入股合作社五种模式，农民通过“保底收益+二次分红”的形式，有了更多实实在在的获得感。

开放是大势所趋，是农业农村改革发展的活力所在。建设现代农业，要把握好国内国际两个市场，畅通市场渠道，以更加开放、包容的姿态迎接各类有利资源要素。在土地流转、农地经营、农业生产服务、农产品加工营销等方面，应鼓励多元主体积极参与，以市场为导向，一视同仁，公平竞争，做到农地农用、新型经营主体用、新型职业农民用、新农人用。土地流转可以跨主体进行，实现资源优化配置，农业社会化服务可以跨区域展开，实现降成本、增效益的目的；城市工商资本按照有关规定可以流转土地参与农业经营，引领现代农业发展趋势；电子商务等IT企业也可以发展生鲜电商、智慧农业等，培育新业态，发展新产业。同时，各类新型主体都要严守政策底线和红线，不得改变土地集体所有制性质，不得改变土地农业用途，不得损害农民土地承包权益。

二、搞好新型农业经营主体规范化建设

规模是规范的基础，规范是质量和声誉的保障。经过多年来的自我发育和政策支持，各类新型农业经营主体蓬勃发展，总体数量和规模不断扩大，新型农业经营主体成为建设现代农业的骨干力量。现存的问题是，这些主体规范化程度不高，有的是“空壳子”，长期休眠不生产经营；有的是“挂牌子”，一个主体、几块牌子，既是家庭农场、合作社，又是龙头企业，搞得“四不像”；有的没有过硬的技术，没有明确的发展目标，没有拿得出手的产品，这些都影响了新型农业经营主体的整体质量和外在形象。要把规范化建设作为促进新型农业经营主体可持续发展的“生命线”，把规范和质量摆在更重要的位置。

（一）家庭农场要还原本质特征

家庭农场的本源是家庭经营，是指夫妇双方和子女的核心家庭，不能泛化。家庭农场的本质内涵是家庭经营、规模适度、一业为主、集约生产，每句话都有含义。

1. 家庭经营：现阶段，从全球范围看，所谓家庭农场应是核心家庭的劳动力经营，是经营者的自耕，不能将所经营的土地再转包、转租给第三方经营。要积极倡导独户农场，而不应将雇工农场、合伙农场、兼业农场、企业农场等作为规范化、示范性农场。

农忙时可以雇短工，可以有 1~2 个辅助经营者，但核心家庭成员的劳动和劳动时间占比一定要达到 60% 以上。

2. 规模适度：家庭经营的上述特征决定了只能发展适度规模经营，动辄几千亩、上万亩土地的经营规模反过来会导致报酬递减。我们提倡的家庭农场土地平均规模是当地农户平均规模的 10~15 倍，就是这个道理。

3. 一业为主：家庭农场要规避低效率的小而全、大而全的生产经营方式，根据自身的能力和职业素质，选择主导产业，依托社会化服务，实现标准化、专业化生产，才能更充分体现家庭农场经营的优越性。

4. 集约生产：家庭农场最重要的内涵是使其劳动力与其他资源要素的配置效率达到最优，最大限度地发挥规模经营效益和家庭经营优势。因此，家庭农场要秉承科技创新理念，在生产的全过程，节约资源投入，科学经营产业，降低生产成本，提升产品质量和效益，实现可持续发展。

（二）农民合作社要扩大规模

从国际合作社发展情况来看，合作社个体数量减少，但单一经营或服务的规模不断扩张，呈现出规模化的趋势。要遵循合作社本质，遵循合作社归农户所有、由农户控制、按章程分配的办社原则。在此基础上，按照合作社同类合并、规模扩大、质量提升的发展之路，扩大经营规模，积极发展联合社和集生产、供销、信用"三位一体"的综合社，提高综合竞争力。

（三）龙头企业要发挥作用

龙头企业与一般企业的本质区别，就在于要带动农民发展，通过建立利益联结机制，让农民分享产业链的增值收益，这也是中央扶持龙头企业的重要原因。龙头企业必须遵循服务农民、帮助农民、富裕农民的原则，在平等、自愿互利惠的基础上，规范发展订单农业，为农户提供质优价廉的生产服务，吸引农民以多种形式入股，形成经济共同体、责任共同体和命运共同体。

（四）对于工商资本进入农业要规范引导

正面看待工商资本进入农业的积极性和取得的显著成效，鼓励和支持城市工商资本进入农村、投资农业，重点从事农户和农民合作社干不了、干不好、干不起来的领域，如种养业产前产后服务、设施农业、规模化养殖和"四荒"资源开发等产业，种苗、饲料、储藏、保鲜、加工、购销等环节，发展农业产业化经营，与农民实现共生、共舞、共赢。同时，要加强监管和风险防范，坚决制止个别工商资本以搞农业为名、行圈地之实。不提倡工商企业长时间、大面积租赁农户承包耕地，加强事前审查、事中监管、事后查处和风险防范。坚持保护农民利益，对非法挤占农民利益，甚至坑农害农的行为，要严肃查处，追究责任。

第六章　现代农业发展中的农产品品牌建设

在传统农业向现代农业转变的今天，促进农业规模化、标准化、产业化和市场化的重要手段之一就是发展农产品品牌。说到美国的大豆、日本的金枪鱼、哥伦比亚的咖啡、荷兰的奶牛和泰国的大米，国内不少消费者都耳熟能详。市场经济发达国家在农业品牌建设上路径不同，但有一条是相同的，就是都把品牌建设作为参与全球农业竞争的国家战略。国际经验告诉我们，发展农产品品牌不仅能够优化农业产业结构，提升农产品的质量水平和市场竞争力，满足不断升级的消费需求，而且也是发展高效农业，实现农业增效、农民增收的重要举措。

第一节　农产品品牌建设的理论分析

一、品牌的定义

品牌的概念是被誉为“广告教父”的大卫·奥格威（David Oglivy）于20世纪50年代提出的，他所创立的奥美广告公司迅速发展，品牌的理念也在迅速地深入人心，得到了蓬勃的发展。大卫·奥格威（David Oglivy）所明确的现代品牌的定义，成为第一次被广为接受的品牌定义。他认为，品牌指的是产品属性的无形资产的总和，这就包括了产品的名称、包装、价格、历史、声誉和广告方式。自此以后，各国的学者和企业管理者都开始从不同的角度研究品牌及品牌现象，也对品牌产生了各式各样的理解。

在《牛津大辞典》里，品牌被解释为“用来证明所有权，作为质量的标志或其他用途”。

美国市场营销协会（AMA）在1960年版的营销术语词典中对品牌给出了这样的定义：品牌是用以识别一个或一群产品或劳务的名称、术语、标记、符号或图案设计，或是它们的组合，用以和其他竞争对手的产品和服务相区别。

品牌不仅是名称、术语和标记，更重要的是生产者向消费者长期提供的一组特定的特点、利益和服务。不仅如此，品牌还是一个更为复杂的符号，它能揭示出六层意思：属性、利益、价值、文化、个性和使用者。品牌是消费者如何感受产品，它代表了消费者在其生活中对产品和服务的感受而产生的信任、相关性和意义的总和。品牌是卖者向买者提供的用以区别竞争者产品或服务的一种标识以及一系列传递产品特性、利益、文化和联想等的总和。品牌是以物质为载体，以文化为存在方式，是企业与顾客之间互动关系的结果，是企业重要的无形资产（王玉莲，2008）。品牌是在整合先进生产力要素、经济要素条件下，以无形资产为主要研究对象、以文化为存在形式、以物质为载体、具备并实行某种标准与规范，以达到一定目的为目标，并据此设定自身运动轨迹，因而带有显著个性化倾向的、具备优势存在基础的相关事物，它是由精神、物质、行为有机融合的统一体。

品牌是在市场经济中诞生的一个概念，是生产者或服务者与消费者一同创造出的、用以区分同质化商品的标识，为品牌拥有者所有。标识的物质载体为文字、图案、符号、广告等，也包括产品与服务本身，而更重要的载体是在消费者脑海里对该产品或服务留下的印象，也就是质量、服务体验、性价比、文化和个性、知名度、美誉度、忠诚度、市场占有率、社会责任等。

品牌是用来识别一个或一组经营者的产品或服务，并使之与竞争者的产品或服务相区别的名称、标记、符号及其组合。品牌是一个整合体，是一个有关品牌的属性、产品、符号体系、消费者群、消费者联想、消费意义、个性、价格体系、传播体系等因素综合而成的整合体。这个整合体源于产品的识别与差异化，是经由各相关利益者认同并和谐共处的、一个包括消费者生活世界在内的整合体。品牌一般由品牌名称和品牌标志两部分构成。商标是指由某个经营者提出申请，并经一国政府机关核准注册的，用在商品或服务上的标志。它是品牌的一部分，是品牌识别的基本法律标记（《中国农产品品牌发展研究报告》，2014）。

二、农产品品牌的内涵

（一）农产品品牌的概念

农产品品牌是指农业生产者或经营者在其农产品或农业服务项目上使用的用以区别其他同类和类似农产品或农业服务的名称及其标志。因此，一个农产品品牌，首先应该有一个属于它的农产品，并以商标等要素围绕该产品形成一系列的符号体系，建成整体的品牌识别系统，然后通过传播形式找到消费者及利益相关者，让他们对产品产生识别、理解与消费的行为。只有当产品、符号体系与消费者、相关利益者之间构成了牢固的、正面的认知与消费关系，才能成为一个独特的、有价值的农产品品牌世界。

（二）农产品品牌的特征

农产品与其他产品或服务相比，有着如下几点基本特征：

（1）农产品产品质量更多地影响到品牌形象。农产品更多的是与消费者生活息息相关的食品、衣物及日用品，其质量将直接影响到消费者的人身健康和生活状况，而农产品的产品质量往往受到多方面因素的影响，且具有一定的隐蔽性或潜伏期，这使得由产品质量引发的品牌危机频发。

（2）价值易量化且低附加值。在一个稳定的市场经济中，农产品的价值往往更多地由其生产者无差别的劳动生产、初级加工和运输分销来决定其价值，而更少地依赖于品牌的附加值，这也使得农产品品牌建设面临驱动力不足的困难。

（3）受自然条件、气候变化影响较大。由于农产品的生产过程多为在幅员辽阔的田野、水域、草原、林场等露天环境中，受到自然条件和气候变化的影响远远大于其他产业，这也使得产品质量难以控制，品牌建设的实践过程更加不稳定。

除了以上特征，农产品还具有生产周期长、生产人员素质参差不齐、质量监管困难、储存及运输困难、科技含量较低等其他特征，但这些并非农产品独有的特征，在某些其他行业也存在相似点，不能作为考虑农产品品牌建设时的核心内容。

（三）农产品品牌的分类

按照不同的分类标准，农产品品牌有不同的种类。按照农产品加工程度不同，农产品可以分为初级农产品、初加工农产品及精深加工农产品。其中，初级农产品是指种植业、畜牧业、渔业产品，不包括经过加工的这类产品；初加工农产品是指经过某些加工环节食用、使用或储存的加工农产品；精加工农产品是指以初级农产品为原料，经过精深加工制作，使得农产品达到标准化的程度，并具有较高附加价值。相应地，农产品品牌可以分为初级农产品品牌、初加工农产品品牌及精加工农产品品牌。其中，初级农产品品牌又可进一步划分为瓜果蔬产品品牌、花卉苗木产品品牌、粮油产品品牌、食用菌产品品牌、畜牧产品品牌、水产品品牌等。

按照面向市场不同，可分为出口型传统优势农产品品牌、国家战略安全型农产品品牌和内销型农产品品牌。其中，出口型传统优势农产品品牌是以具有中国特色的传统优势农产品为主体，以国际市场为导向，以出口创汇为目标所创建的农产品品牌；国家战略安全型农产品品牌是以满足国内需求为基础，以保障国内消费者基本吃穿用安全为目的，建立的大宗型农产品品牌；内销型农产品品牌主要是以服务国内市场为导向，以提高农产品附加价值，增加农民收入为目的，创建的农产品品牌。

按照品牌知名等级不同，可以分为地方级农产品品牌、地区级农产品品牌、国家级农产品品牌、国际级农产品品牌和世界级农产品品牌。其中，地方级农产品品牌是指在某一地方范围内，如某一城市、某几个城市，或地、县范围内，创出名牌的农产品品牌；地区级农产品品牌是指在省（市、自治区）范围，或几个省区范围内，创出名牌的农产品品牌；国家级农产品品牌是指在全国范围内创出名牌的农产品品牌；国际级农产品品牌是指在国际较大范围的多个国家或地区的目标市场上创出名牌的农产品品牌；世界级农产品品牌是指在全世界范围大多数国家或地区的市场上创出名牌的农产品品牌。

按照品牌拥有主体不同，可以分为企业农产品品牌和农产品区域公用品牌。其中，企业农产品品牌是农产品生产经营者为了区分本企业产品与其他企业产品而设计的名称、标记、符号及其组合；农产品区域公用品牌，简称农产品区域品牌，是指在一个具有特定的自然生态环境、历史人文因素的区域内，由相关机构、企业、农户等共有的，在生产地域范围、品种品质管理、品牌许可使用、品牌行销与传播等方面具有共同诉求与行动，以联合提高区域内外消费者评价，使区域产品与区域形象共同发展的农产品品牌。

区域品牌是基于农产品区域特色而自然形成的，具有显著的域内公共性和域外排他性。区域品牌对农产品品牌的建设具有很强的影响力。这种影响力的好坏，取决于各地对区域品牌的管理水平，需要有专门的管理办法和途径，以保证区域品牌使用的科学性和公正性，杜绝被乱用和滥用。农产品品牌与区域品牌是“小和大”“分和总”和“子和母”的关系。只有分清农产品品牌与区域品牌二者的关系，才能充分利用区域品牌的特色优势，正确引导和辅助农产品品牌的建设。农产品品牌具有极强的个性特质和商业追求，这就要求在农产品品牌建设过程中，务必遵循市场为先导、区域品牌为背景、企业运作为主体、政府搭台为辅助的原则。

三、农产品品牌建设的重要意义

同其他行业相比，农产品领域作为品牌开发的处女地，一直处于商业品牌的边缘地带。在消费升级、供给侧结构性改革的新形势下，农产品品牌也要提升。农业品牌是现代农业发展水平的标签。推进农业品牌建设，优化农产品有效供给，是农业供给侧结构性改革的重要内容。

（一）推进农产品品牌建设是发展现代农业的内在要求

纵观世界农业发展历史，均经历了产品由不足到丰富、由普遍推进到培育提升品牌的历程。自改革开放以来，我国农业发展取得了举世瞩目的伟大进展，特别是近年来取得了粮食实现“十一连增”、农民增收“十一连快”的辉煌成就。这一时期也是我国农业由重视数量到数量质量并重、由注重生产到产销并重的转型时期。数量问题解决后，我们更加重视产品质量和品牌建设，将培育品牌作为现代农业发展的重要抓手，特别是2002年以来我国实施了优势农产品区域布局规划，构建了“三品一标”产品认证体系，培育了一批知名度和市场认同度较高的名牌产品。实践证明，农业品牌化的作用可以概括为四个“有利于”和四个“杠杆”，即有利于带动我国农业生产向优势区域集中，推动农业规模化和专业化，是优化区域资源、发挥比较优势的重要杠杆；有利于发挥市场化和产业化的力量，推进我国产业结构调整和经营效率提升，是用工商业理念发展农业、加快传统生产经营方式向现代生产经营方式转变的重要杠杆；有利于推动我国农业标准化生产，建立农产品质量安全与信誉管理的载体和约束机制，是提高农产品质量安全水平和市场竞争力的杠杆；有利于满足我国消费者对农产品安全、营养的高层次需要，是提高农产品价值、驱动农业增效的杠杆。可见，农产品品牌建设与现代农业的发展内在统一，与农业的转型升级相辅相成。农业品牌化程度已成为农业发展水平的重要标志和体现。

（二）推进农产品品牌建设是促进农民增收的有效途径

农业生产经营收入是农民收入中的重要组成部分。然而，一般的农产品属于完全竞争产品，需求弹性和收入弹性小，农业增产和农民增收难以同步。而农产品品牌可以降低消费者搜寻成本，构建不完全竞争优势，增加价格刚性，获得产品溢价，提高收入弹性，提升产品的附加值，增加产品市场需求，从而提升农业生产经营效益和收入。

（三）推进农产品品牌建设是顺应消费升级的必然选择

随着我国城乡居民收入的提高，在温饱需要满足以后，优质、营养和安全需求已然成为农产品消费的新潮流。农产品品牌建设不但可以促进生产经营者规范生产投入和生产过程，提高农产品质量安全水平，生产优质安全农产品，而且使品牌成为农产品质量安全和信誉的载体，引导消费者放心消费，增强公众对农产品质量安全的信心。因此，农业生产经营者为了提高品牌的影响力、降低品牌创建分摊在每单位产品的成本，还会主动推进农业标准化和规模化，这将从根本上提高农产品质量安全水平，满足消费者提档升级的需求。

（四）推进农产品品牌建设是参与市场竞争的重要方式

近年来，以农业品牌产品为主的国际市场竞争日趋激烈，欧美等发达国家以产品标准、质量安全为手段的技术贸易壁垒越演越激烈，发达国家凭借一大批品牌产品在国际市场竞争中彰显实力。随着农业全球化水平的提高，农业品牌的竞争已成为国际市场竞争的焦点之一。农业品牌化不仅是我国各地区、各行业农业企业提升市场竞争力的途径，也是我国应对国际市场激烈竞争、实现“走出去”战略的重要支点。我国政府在推进农业转型升级中，积极支持农业生产、流通、加工和服务企业发挥区域资源优势、采用先进技术、提高产品质量，打造农产品国际品牌，一些蔬菜、水果和水产品牌产品已在国际市场占据一席之地。

随着物质的极大丰富，导致消费者有了更多的选择，在市场经济条件下，商品或者服务的质量和价格对比是容易的，那么消费者可能会将更多的注意力聚焦在不同品牌商品或者服务除质量和价格以外的因素比较上。再加上许多竞争者在提供同质化商品的市场中，为了突出重围、获得消费者的青睐和长期购买，先后给自己的商品穿上华丽的外衣，赋予不凡的品位、品牌故事和品质承诺等消费理念，这使得无品牌的商品处于极其不利的境地。

（五）是实施农业供给侧结构性改革的现实途径

农产品供给侧结构性改革的前提是对目前存在问题的判断和解决方案的选择。农产品生产结构的调整，不是盲目的调整产品结构，更重要的是根据消费市场中消费需求的变化，进行高品质产品的生产。目前，中国农产品供给的现状是：安全性高、品质感强、特色显著的好产品少。一方面，低质低价的农产品堆积滞销；另一方面，高质特色产品遍寻不到，无法满足消费需求。农业及其农产品资源利用，不仅仅是过去一味地工业化、规模化扩张，而是品质化、精致化地利用区域地理、品种等资源，更侧重于挖掘区域特色、文化资源及消费者心理资源，才能满足多元、个性化、特色消费需求；农产品价格改革的思路，不是降价，而是以满足消费者需求的产品实现农产品的价值增值，创造农产品消费的价值感与溢价可能。如此，才能真正地去库存、降成本、补短板。这个时代，已经超越了低价值消费时代，正处于以多元消费、个性消费、象征消费为特质的时代。面对这一时代的战略选择，应当是深入实施农产品品牌战略的机遇期。

（六）是保障农产品质量安全的重要途径

加强农产品品牌建设，可以实现品牌销售，有利于建立完善的农产品质量检测体系和追溯体系，保障农产品消费安全，是提高农产品质量安全水平的重要手段。农产品质量问题严重，使得消费者很不放心，造成很大影响，政府曾经出台了大量管理制度，试图约束农产品生产者、加工者、销售者的行为，来达到提高农产品质量的目的。但是长期的政府管理实践证明，这一思路不能完全解决这一问题，其原因在于农产品生产、流通中的信息不对称会导致机会主义行为的发生，即在买方（消费者、加工者、经营者）无法确定商品质量或获得质量信息的成本非常高的情况下，卖方（生产者、经营者、加工者）会借机实施有损于买方的“败德行为”，核心的原因是农产品的生产者、加工者、经营者通过不顾质量的生产、加工、经营可以收获更大收益。所以，农户、农业企业、经销商都有违反政府规定的冲动，不顾消费者的诉求。要想解决这个问题还是要从市场角度，从能让农户、企业个体受益的角度寻找办法，其中，最有效的办法就是建设和保护农产品品牌。

品牌是农产品生产经营者信誉的载体和外在表现，是信誉信息传递的有效工具，因此，品牌经营者利用品牌将产品的质量信息和信誉打包传递给消费者。这样就使安全农产品信息的不对称状态得到了大大的缓解。质量是品牌的基础，品牌是质量的保障。农产品品牌的知名度和美誉度是决定消费者接受程度、忠诚度的关键所在，品牌又是维护好的质量的保证。为了解决广大消费者日益增长的对质量安全食品的消费需求与不健全的食品消费市场供给之间的矛盾，政府除了鼓励规模化生产、加强监管体系建设和提高消费者的认知水平外，一个重要举措就是从源头着手，大力推动农产品的品牌建设。这是因为，在信息不对称的条件下，品牌是识别产品质量的重要标志，可以满足消费者追求高质量、高品质产品的特殊偏好，是生产经营者占领市场和保持市场份额的重要手段。同时，品牌的培育和推广，在激励生产者不断提高产品质量和优化产品品质的同时，也能提高消费者的品牌信任水平，进而有助于建立一个安全、透明的农产品消费市场。从理论上讲，在当前食品消费市场机制不完善的大环境下，品牌这一信号甄别机制，有利于消除供需双方的信息不对称，降低食品质量安全事故的发生概率。即使发生质量安全事故，也会由于品牌责任主体明确和便于追溯而将消费者的福利损失降到最低。因此，品牌建设对农产品供需双方都能产生激励作用，有利于农产品市场的“去柠檬化”。因此，农产品品牌是农产品信息集的载体，有助于推动农产品质量的提升。

第二节　山东省农产品品牌建设现状

一、山东省农产品品牌数量与分布情况概述

山东省作为中国的农业大省，不仅拥有丰富的农业资源，还在农产品品牌建设方面取得了显著成就。近年来，山东省深入实施质量强省和品牌强省战略，推出了一系列体现地方特色、广受市场欢迎的农产品品牌。

（一）山东省农产品品牌数量概览

截至目前，山东省已培育出大量知名的农产品品牌，涵盖区域公用品牌和企业产品品牌两大类。具体来说，山东省已遴选发布省知名农产品区域公用品牌 81 个、知名农产品企业产品品牌 700 个。此外，还有绿色、有机、地理标志农产品 4500 多个，这些品牌涵盖了粮食、蔬菜、水果、畜禽、水产等多个农业领域。

在区域公用品牌方面，山东省涌现出了一批具有地方特色的优质品牌，如烟台苹果、莱阳梨、寿光蔬菜、金乡大蒜、章丘大葱等。这些品牌不仅在国内市场享有盛誉，还远销海外，成为山东农产品走向世界的名片。企业产品品牌方面，山东福田药业有限公司的福甜牌木糖醇、山东三羊榛缘生物科技有限公司的魏榛牌榛子乳等，也在各自领域内取得了显著的市场占有率。

（二）山东省农产品品牌分布情况

山东省农产品品牌的分布呈现出地域性、多样性和集聚性的特点。从地域分布来看，山东省的农产品品牌主要集中在几个农业大市，如潍坊、烟台、济宁等地。这些地区依托优越的自然条件、丰富的农业资源和悠久的农耕文化，形成了各具特色的农产品品牌

集群。

以潍坊市为例，该市是山东省乃至全国的农业大市，拥有众多知名的农产品品牌。潍坊市在蔬菜、水果、畜禽等多个领域均有突出表现，如寿光蔬菜、昌乐西瓜、临朐蜜桃等。寿光市作为“中国蔬菜之乡”，其蔬菜产业在全国乃至全球都具有重要地位，寿光蔬菜品牌已成为中国蔬菜的代名词之一。

烟台市则以水果产业著称，烟台苹果、莱阳梨等水果品牌享誉国内外。烟台苹果以其品质优良、口感脆甜而深受消费者喜爱，连续多年蝉联中国果业第一品牌。莱阳梨则以皮薄肉细、汁多味甜著称，是中国梨中的佼佼者。

济宁市则在粮食作物和水产养殖方面表现突出，拥有众多知名的农产品品牌。如金乡大蒜，作为济宁的标志性农产品，以其个大瓣匀、辛辣味浓而闻名遐迩，出口到170多个国家和地区，年加工出口份额占全国70%以上。

除了上述地区外，山东省其他地区也根据自身优势培育出了各具特色的农产品品牌。如淄博市的沂源红苹果、泰安市的泰山板栗、滨州市的沾化冬枣等，这些品牌不仅丰富了山东农产品的种类，也提升了山东农产品的整体品牌形象。

（三）山东省农产品品牌建设成效显著

近年来，山东省在农产品品牌建设方面取得了显著成效。一方面，通过加强标准化生产和质量监管，确保了农产品品质的稳定和提升；另一方面，通过加大品牌宣传和推介力度，提高了农产品品牌的知名度和美誉度。

在标准化生产方面，山东省累计制定农业标准规程2700多项，认定了1500多个省级农业标准化生产基地。这些标准化生产基地不仅提升了农产品的产量和品质，还为品牌建设提供了坚实的基础。同时，山东省还实施了农资监管和队伍建设等措施，构建了网格化监管体系，确保了农产品质量安全。

在品牌宣传推介方面，山东省通过线上线下相结合的方式开展了一系列品牌推介活动。如举办农产品品牌博览会、参加国内外知名展会、开展网络营销等，有效提升了农产品品牌的知名度和影响力。此外，山东省还主动融入粤港澳大湾区建设国家战略，有248家生产企业获得大湾区“菜篮子”生产基地和加工企业牌证，在寿光、莘县建成2个大湾区“菜篮子”农产品山东配送中心，进一步拓宽了山东农产品的销售渠道。

（四）山东省农产品品牌发展趋势

随着消费者对品质生活的追求日益提高，山东农产品品牌建设将更加注重品牌化和高端化。通过提升产品品质、加强包装设计、优化营销策略等手段，打造更多具有市场竞争力的高端农产品品牌。数字化和智能化将成为山东农产品品牌建设的重要驱动力。通过运用物联网、大数据、人工智能等现代信息技术手段，提升农业生产效率和管理水平，推动农产品品牌建设向数字化、智能化方向发展。

随着全球化的深入发展，山东农产品品牌建设将更加注重国际化和多元化。通过加强与国际市场的对接和交流合作，推动山东农产品走向世界舞台；同时积极开拓多元化市场渠道和销售模式，满足不同消费者的需求。绿色化和可持续化将成为山东农产品品牌建设的重要方向之一。通过推广绿色生产方式和技术手段，减少化肥农药使用量；加强农业生态环境保护修复工作；推动农业废弃物资源化利用等措施；实现农业可持续发展和品牌建设双赢局面。

二、山东省主要农产品品牌的市场影响力分析

山东省作为中国农业大省，其农产品品牌不仅数量众多，而且市场影响力广泛而深远。这些品牌依托山东丰富的农业资源和深厚的文化底蕴，通过不断创新和营销策略的优化，成功在国内外市场上树立了良好的品牌形象，赢得了广大消费者的认可和信赖。

（一）品牌传播广度与市场覆盖

山东省主要农产品品牌在市场传播广度方面表现出色，通过多渠道、多形式的宣传和推广，实现了品牌信息的广泛覆盖。一方面，这些品牌积极利用传统媒体和新媒体平台进行品牌宣传，如电视广告、网络推广、社交媒体营销等，有效提升了品牌的知名度和曝光率。另一方面，通过参加国内外知名展会、举办品牌推介会等活动，加强与消费者和市场的互动交流，进一步扩大了品牌的市场覆盖范围。

例如，“烟台苹果”作为山东乃至全国的知名农产品品牌，其市场传播广度极为广泛。烟台苹果不仅在国内各大城市设有销售网点，还远销海外多个国家和地区，成为国际市场上备受瞩目的中国农产品品牌之一。通过多年的品牌建设和市场推广，“烟台苹果”已经形成了较为完善的销售网络和稳定的客户群体，其品牌影响力持续增强。

（二）品牌美誉度与消费者认可

山东省主要农产品品牌在美誉度方面同样表现出色，赢得了广大消费者的认可和好评。这些品牌注重产品质量和口碑建设，通过严格的品质控制和优质的客户服务，树立了良好的品牌形象和信誉。消费者在购买这些品牌产品时，往往能够获得较高的满意度和忠诚度，从而进一步推动了品牌的市场销售和发展。

以“章丘大葱”为例，该品牌凭借其独特的产品品质和口感赢得了消费者的广泛认可。章丘大葱以其葱白长、葱叶短、葱味浓的特点而著称于世，是山东乃至全国知名的农产品品牌之一。章丘大葱在种植过程中注重科学管理和品质控制，确保每一根大葱都符合高标准的质量要求。同时，通过加强品牌宣传和营销推广，章丘大葱成功吸引了大量消费者的关注和购买，其市场美誉度和品牌忠诚度不断提升。

（三）品牌创新与差异化竞争

在激烈的市场竞争中，山东省主要农产品品牌注重创新和差异化竞争策略的运用。通过不断研发新产品、优化生产流程、提升产品附加值等手段，这些品牌成功实现了差异化发展，增强了市场竞争力。同时，通过加强品牌文化和故事的挖掘和传播，这些品牌还成功塑造了独特的品牌形象和价值观，进一步提升了品牌的市场影响力和吸引力。

例如，“日照绿茶”作为山东知名的茶叶品牌之一，其市场影响力得益于品牌的持续创新和差异化竞争策略。日照绿茶在种植过程中注重生态环保和绿色生产理念的应用，推出了多款具有独特风味和品质保证的绿茶产品。同时，通过加强品牌文化和故事的挖掘和传播，“日照绿茶”成功塑造了清新自然、健康养生的品牌形象和价值观。这些创新举措不仅提升了日照绿茶的市场竞争力还吸引了大量消费者的关注和购买。

（四）品牌活动与营销策略

山东省主要农产品品牌还注重通过举办各类品牌活动和制定有效的营销策略来提升市场影响力。这些活动不仅有助于加强品牌与消费者之间的互动交流还有助于提升品牌的知名度和美誉度。同时制定精准的营销策略也有助于精准定位目标消费群体推动品牌的市场销售和发展。

以“齐鲁农超·村村有好品”活动为例该活动由山东省农业农村厅指导依托山东省官方指定唯一区域农业公共品牌自主平台“齐鲁农超”举办。活动吸引了来自全省 16 市的 320 余家企业、近 5000 个好品参展为期三天的展会来访人次超 7 万活动现场销售额近 300 万并促成超 600 万的订单签约累计成交额近千万。这类大型展会不仅带动了参展好品的销量还提升了参展企业品牌的曝光度和市场影响力。此外山东省还举办了多种多样的公共品牌活动如齐鲁粮油花样面点大赛、莱阳梨文化季、威海海鲜品牌推介会等。这些活动不仅展示了山东农产品的独特魅力和品质还加强了品牌与消费者之间的互动交流提升了品牌的市场影响力和美誉度。

（五）政策支持与品牌发展

山东省政府高度重视农产品品牌建设工作出台了一系列政策措施支持农产品品牌的培育和发展。这些政策措施包括加强品牌宣传和推广、提升品牌知名度和美誉度、加强品牌保护和维权等方面为山东农产品品牌的发展提供了有力保障。

例如山东省自 2016 年以来已开展了多次遴选工作共遴选出多个省知名农产品区域公用品牌和企业产品品牌。这些品牌不仅获得了政府的表彰和奖励还享受到了政策上的扶持和优惠如资金补助、税收优惠等。这些政策措施的实施有力推动了山东农产品品牌的发展提升了品牌的市场影响力和竞争力。

三、山东省农产品品牌建设的政策支持体系介绍

山东省农产品品牌建设的政策支持体系是一个全面、系统且不断完善的框架，旨在推动农业高质量发展，提升农产品市场竞争力，促进农民增收和乡村振兴。

（一）政策制定背景与意义

山东省作为中国的农业大省，拥有丰富的农业资源和悠久的农耕文化。随着现代农业的发展和市场竞争的加剧，品牌建设成为提升农产品附加值、增强市场竞争力的重要途径。因此，山东省政府高度重视农产品品牌建设工作，通过制定一系列政策措施，支持农产品品牌的培育、发展和保护，推动农业产业转型升级和高质量发展。

（二）政策支持体系的主要内容

山东省政府将农产品品牌建设纳入农业发展战略规划中，明确品牌建设的目标、任务和措施。通过制定品牌发展规划、实施方案等文件，引导各地因地制宜、突出特色地开展农产品品牌建设工作。同时，加强对品牌建设的宣传和推广，提高全社会对农产品品牌建设的认识和重视程度。山东省政府设立专项财政资金，对农产品品牌建设给予资金支持和奖励。具体支持方式包括直接补助、贷款贴息、以奖代补等多种形式。对于认定为省级知名农产品品牌的主体，给予一定的资金奖励；对于在品牌建设方面取得显著成效的企业或合作社，给予额外的表彰和奖励。此外，还鼓励金融机构加大对农产品品牌建设的信贷支持力度，降低融资成本，提高融资效率。

山东省政府注重农产品标准化生产和质量控制工作，通过制定和完善农业标准体系、加强农产品质量安全监管等措施，确保农产品品质优良、安全可靠。同时，支持农产品生产企业建立质量追溯体系，实现农产品从生产到销售全过程的可追溯管理。这些措施为农产品品牌建设提供了坚实的基础和保障。山东省政府通过多种渠道和方式加强对农产品品牌的宣传和推广工作。一方面，利用传统媒体和新媒体平台开展品牌宣传活动，提高品牌的知名度和美誉度；另一方面，通过组织参加国内外知名展会、举办品牌推介会等活动，加强与消费者和市场的互动交流，拓展品牌的市场空间。此外，还鼓励农产品生产企业与电商平台合作开展网络营销活动，拓宽销售渠道和市场覆盖面。山东省政府注重农产品品牌的保护和维权工作。通过加强商标注册和管理工作，防止侵权假冒行为的发生；同时建立健全品牌保护机制，加大对侵权假冒行为的打击力度。此外还加强品牌信用体系建设完善品牌信用评价和信息披露制度提高品牌的社会公信力和市场竞争力。

（三）政策支持体系的实施效果

在山东省政府的大力支持下，农产品品牌建设取得了显著成效。一方面，涌现出了

一批具有地方特色和市场竞争力的知名农产品品牌如烟台苹果、莱阳梨、寿光蔬菜等；这些品牌在国内外市场上享有较高声誉和市场份额为山东农业的发展做出了重要贡献。另一方面，通过品牌建设推动了农业产业转型升级和高质量发展提高了农产品的附加值和市场竞争力促进了农民增收和乡村振兴。

四、山东省农产品品牌建设中存在的问题与挑战

山东省农产品品牌建设中存在的问题与挑战是一个复杂而多维度的议题，涉及品牌建设意识、资金投入、标准化生产、营销推广、政策支持等多个方面。

尽管山东省在农产品品牌建设方面取得了一定成绩，但仍存在品牌建设意识不足的问题。部分基层干部和企业对农产品品牌建设的重要性认识不足，认为农产品生产受自然条件影响较大，难以形成稳定的品牌效应。这种观念导致在品牌建设过程中缺乏主动性和创造性，品牌培育和发展缺乏长远规划和持续投入。资金是农产品品牌建设的重要保障，但山东省在品牌建设资金投入方面仍显不足。一方面，由于农业规模化优势不足，难以形成大型龙头企业，这些企业往往无法承担打造农业品牌所需的巨额资金。另一方面，农业金融服务供给不足，金融服务的普惠性有待加强，农业资源估值、变现资产等渠道尚未建立，进一步抑制了农业资金的供给。

标准化生产是提升农产品品质和市场竞争力的重要手段，但山东省在农产品标准化生产体系方面仍存在不足。部分农产品生产仍停留在小规模、分散化的经营模式上，难以实现标准化、规模化生产。此外，部分农业标准技术内容陈旧、制修订工作滞后，导致不少农业标准推广实施的可操作性差，制约了农业标准化的发展。营销推广是提升农产品品牌知名度和市场占有率的关键环节，但山东省在农产品品牌营销推广体系方面仍存在诸多不足。一方面，农产品品牌营销手段缺乏创新，宣传力度明显不够。山东的农产品很少通过广播、电视等新闻媒体做宣传，即使个别做过宣传推广也缺乏整体策划和持续投入。另一方面，农产品品牌营销推广渠道单一，缺乏多元化的营销模式和策略。这导致部分优质农产品在市场上难以形成鲜明的品牌形象和市场竞争力。

政策支持是农产品品牌建设的重要保障，但山东省在政策支持体系方面仍有待完善。一方面，政策扶持力度不足，财政资金对农产品品牌建设的投入有限，难以满足品牌建设过程中的资金需求。另一方面，政策执行力度不够，部分政策措施在执行过程中存在落实不到位、监管不严格等问题，影响了政策效果的发挥。此外，政策体系之间缺乏协同性，不同部门之间的政策衔接不够紧密，难以形成合力推动农产品品牌建设。品牌保护是维护农产品品牌形象和市场秩序的重要手段，但山东省在品牌保护方面仍存在不足。一方面，农产品品牌侵权假冒问题频发，知名品牌被冒用、地理标识擅自扩大化等违法乱象时有发生。但由于处罚条款限于《商标法》等非农法律法规，农业部门无权作出处

罚，导致侵权假冒行为难以得到有效遏制。另一方面，农产品品牌维权难度较大，相关生产经营者难以取证维权，进一步加剧了品牌保护的问题。

品牌文化内涵是农产品品牌的核心竞争力之一，但山东省在品牌文化内涵挖掘方面仍存在不足。多数企业和农户对农产品品牌的理解只停留在表面，没有深入地考虑农产品品牌中最容易和消费者产生共鸣的、最自然的文化因素。这导致部分农产品品牌在文化内涵方面缺乏独特性和吸引力，难以与消费者建立深厚的情感联系和品牌忠诚度。由于生鲜农产品具有易腐易变质的自然属性,其销售半径受制于物流成本和保鲜运输能力。然而，山东省在农产品物流体系建设方面仍存在不足，导致物流瓶颈成为制约农产品品牌建设的重要因素之一。农业生产者往往只关注作物生长和采摘环节，对分拣包装和物流运输缺乏研究；而农业主管部门也缺乏合理引导和物流布局，导致囤积压货、贱卖贱售的现象时有发生。这不仅影响了农产品的市场销售和品牌形象，也损害了农民的利益和积极性。在食品安全问题频发的背景下，消费者对农产品的信任度普遍较低。山东省虽然拥有众多优质农产品品牌，但仍需努力提升消费者对品牌的信任度。这要求农产品品牌在生产过程中严格遵守质量标准和安全规范，确保产品品质和安全性；同时加强品牌宣传和推广工作，提高品牌的知名度和美誉度；建立健全质量追溯体系和售后服务体系等措施来增强消费者的信任感和满意度。

第三节　国内外农产品品牌建设的经验借鉴

一、国外经验借鉴

（一）政府对“品牌农业”采取扶持政策

发达国家及地区从资金、税收、出口补贴、管理、技术、信息、农资等方面帮助发展品牌农业。品牌农业大都是高投入、高产出的产业，需要政府提供贷款等方面的优惠，发达国家及地区政府财政部门和银行在资金供应等方面都采取了倾斜政策。除此之外，许多国家的政府还对开发旧牌农产品采取了减免税收，提供出口补贴，简化工商管理手续，提供技术、信息服务，优先供应农业生产资料，出资成立促销与管护基金等措施。根据美国农业部估计，按照 2005 年颁布的新法案，2002 年的农业补贴支出当年新增 34 亿美元，总额达 208 亿美元，至 2007 年生效期内，农业补贴总额共达到 1185 亿美元，新增额度高达 519 亿美元。巨额投入使得美国农产品企业降低了农业的生产成本，同时又使得农产品的品质得以提升，进而使美国的农产品具有价格优势，而在价格上一旦拥有优势这又与专业化、规模化、现代化的经营紧密相连。因此，美国利用自身的补贴政策直接推动了美国农业经营向规模化、专业化和现代化方向发展。日本对农业的保护力度很大，甚至已经超过了农业收入，日本政府将大量资金用在农业上的财政补贴，额度比农业对GDP的贡献总量还高。日本的农业补贴极大地庇护农民，在农民的年均收入中，大部分的收入来源于政府的补贴。

（二）严格的质量控制

现代国际市场对农产品的质量有着高层次、多方面的要求，名牌农产品要具备无污染、无公害、反季节、工艺性、风光性、保健性和口感好等条件。只有高质量的产品才能成为品牌。发达国家及地区对名牌产品历来都有一套严格的质量管理措施，确保农产品的质量安全，并以此促进农产品品牌发展。美国政府主要采取了设立总统食品安全委员会、实行食品召回制度、严格的转基因产品安全管理等严厉措施来控制农产品质量。日本是世界上食品安全保障体系最完善、监管措施最严厉的国家之一。日本有严格的农产品市场准入门槛，从分级包装入手，建立农产品产地追溯制度，推行农产品质量认证，建立农产品品牌和信誉；通过加强生产过程管理，实施快速检测与化学分析检测相结合的一系列检测手段，确保食品安全，管理部门职责明确、体系健全，质量检测体系建设由财政投入。

（三）增加农业科技投入

依靠科技、人才和先进工艺设备开发名牌产品。农业科研本身是一项“三高”（高投入、高风险、高收益）的项目，一般农产品企业很难承担高额的科研费用，政府在保证科研投入的连续性上发挥着重要的作用。美国联邦政府一直徘徊在20亿美元左右用于农业科技研发的投入，约占联邦政府研发总投入的2%。而美国则主要将这些资金主要用于关系到未来科技发展的基础性研究和应用性研究上。美国依靠强大的国家农业科研机构、国家对农业科学研究和推广的投资确保了自身的食品安全和质量保证。美国政府还十分重视农业科研体系建设，并拥有一批高素质的科研队伍和运作高效的科研机构。美国的农业科研体系具有多元分散的特点，并在此基础上，形成了“三结合”（农业科研、推广和教学相结合）的农业科技体制。日本政府以“科教兴农”的理念为指导，建立了完善的农业科教体系，日本每年用于农业的科研经费占农业国内生产总值的2.2%左右。日本还以培养人才为动力，对农民开展多元化的教育，通过创办各类农业培训机构和农业院校来提高农民的思想认识和劳动技能，使农民进行农业生产符合品牌化的要求。

发达国家及地区都注重把农业科学的最新成果运用到产品开发中，不断开发新品种，广泛运用生物工程技术、信息技术和各项先进的种养技术。在农产品的保鲜、包装、冷藏、运输等方面研究开发了许多先进技术。如荷兰等国在花卉种植方面广泛采用电脑控制的温室技术，使花卉生产的各个环节都能处于最佳状态，生产出了举世闻名的花卉产品。国外农业企业科研开发的投入平均占销售收入的5.1%。

（四）大力开展农产品区域品牌的市场推广

有好的产品并不等于就有了好的品牌，我们还要做好市场开发、营销工作。通过准确的市场定位、精美的包装、绚烂多彩的广告塑造产品形象和企业形象，使消费者了解和认同品牌，加深消费者对该品牌产品忠诚感，并以高质、高价畅销国内外。美国是世界上广告投入最多的国家，美国农产品企业把广告看成提升品牌形象和市场占有率的法宝。在美国，知名品牌每年的广告宣传费用都在1亿美元以上，有的甚至高达10亿美元。同时，美国还有丰富有效的营销手段，如对农产品进行有效的CIS设计；以优惠券、样品和抽奖3种主要活动方式对农产品进行促销；利用公共关系和事件营销；美国农产品协会和会员公司经常采用举办或参加世界其他地区的农产品展销会的营销方式。为了提升本国农产品的形象，法国的农产品品牌建设促进机构举行了多种活动，在许多国家推广“法国生活方式”“法国美食”展览，还邀请国外酒服务生参加品酒大赛，向全世界推广法国酒的知识和魅力。

（五）高度发达的信息服务体系

信息化给农产品流通带来了前所未有的变化。农民可以把生产和销售与市场紧密联系起来，借助网络完成产品生产、定价、促销等过程，使农业生产效率得到很大的提高，为农产品品牌化注入了强大的活力。日本的批发市场装备了越来越多的信息设施，日本农产品批发市场在发达的通信系统的帮助下实现了与全国乃至全世界主要农产品批发市场的联网，及时发布关于农产品的流通信息，指导农产品的合理流通和实现凭样品进行交易。商物分流的交易方式与传统的交易方式相比较，使得农产品的运转效率极大的提高。美国通过农业科技生产信息支持体系，发展“精准农业”，实现农业耕作的自动指挥及定位、定量和定时的控制，而且建立了比较完善的农用物资及产品销售的网上交易系统，使电子交易广泛应用于农业。

二、国内案例启示

（一）寿光蔬菜：传统区域品牌形成路径

中国是蔬菜生产出口最大的国家，而山东省寿光市拥有全国最大的蔬菜批发市场，是国务院命名的“中国蔬菜之乡”。寿光蔬菜是山东省的著名特产之一，其蔬菜的产业集群起源于20世纪80年代，经过10多年的规模扩张和品质结构的优化升级，到本世纪初寿光蔬菜的区域品牌已经基本发展成熟。寿光蔬菜品牌的形成主要通过以下路径。

1. 当地的地理及历史优势。寿光蔬菜区域品牌的形成基于寿光当地的地理及历史优势，寿光蔬菜基地在山东半岛的中部，那里土地肥沃，气候宜人，自然环境好，且寿光当地资源丰富，物产富饶，土质肥沃，适于种植粮食、蔬菜、果树、棉花等多种农作物。

山东多为平原，铁路、公路等交通网络发达，便于运输，而蔬菜基地的所在地潍坊正处于枢纽的位置，交通特别便利，而且东靠青岛港，为蔬菜远航贸易提供了极为便利的条件。

2. 高科技种植和先进技术的推广。寿光蔬菜区域品牌的发展，产销规模的扩大，高科技种植和先进技术的推广起了重要作用。从率先应用冬暖式大棚到无土栽培、立体种植、间作套种、反季节栽培和园艺蔬菜生产等先进种植技术，到温湿度自测仪、智能二氧化碳发生器、反光幕、碳纤维加湿机、遮阳网、飞利浦农艺钠灯、音乐促生器、大棚自控滴灌系统和自动卷帘机等先进设施的使用，到蜜蜂授粉和生物防治病虫害等技术的采用，使蔬菜种植科技化，从而大大提高了产出效益。

3. 积极推进品牌建设。寿光市坚持把推进“三品”认证、名牌申报和商标注册作为实施品牌战略的主要内容，不断强化措施，积极推进品牌创建工作。目前，全市有400多种蔬菜产品荣获“三品”认证，打造了“乐义”蔬菜、“展望”蔬菜等十几个知名品牌。同时政府加大政策的扶持力度，对新获“中国名牌农产品”“地理标志产品”“山东省名牌农产品”的企业，由市财政一次性给予资金奖励。

4. 大力传播寿光蔬菜品牌。政府通过举办菜博会、建立寿光蔬菜网站等，大力开展寿光蔬菜品牌宣传。从1999年起举办的每年一届的国际（寿光）蔬菜科技博览会，展现蔬菜文化风韵，帮助寿光蔬菜走向了世界。菜博会期间，还举办蔬菜文化艺术节，开展一系列独具“菜乡”特色的活动。同时，邀请国内外知名专家、学者、教授、县（市）长，召开县域经济发展论坛、首届世界蔬菜论坛、贾思勰农学思想研讨会和农资对接会等众多“会中会”，进一步拓宽会展内涵。寿光市还与时俱进，开展信息化建设，开设寿光蔬菜网作为蔬菜、农资和种苗信息的传播平台，通过网络面向海内外推广传播寿光蔬菜区域品牌。

（二）褚橙：用互联网塑造农产品品牌

互联网对传统农业的改变，首先表现在互联网社会化营销帮助农产品建立农产品品牌上，其中，以褚橙尤为著名。虽然，褚橙的模式很难复制，但是褚橙与本来生活的结合给我们展示了在“互联网 + 物联网”的智慧农业4.0时代，如何用互联网思维打造农产品品牌。

褚橙品牌的巨大成功，除了凭借本来生活这样的大型生鲜电商平台的曝光和营销运作之外，更多的主要有以下两点品牌包装：产品的人格化和营销的故事化。

1. 产品的人格化。其实，产品，本来是没有温度和情感、互交的实物。只有冷冰冰，只有酸、甜、苦、辣、涩等味道的记忆。但随着人们生活水平越来越高，普通的产品尤其是水果产品已经很难满足我们消费者高层次的需求，对情感寄托的需求。当今，人们除了对水果产品的品质与安全有严格要求之外，更多会寻找与自己精神层面的同步产品，包括品位、身份的界定。恰好这时“褚橙”出来了，人们除了购买“褚橙”产品，品尝到高品质的橙子，还认可“褚橙”的励志、永不放弃、不服输的价值观和人生观。消费者购买褚橙的同时，自然而然也获得了褚老的精神寄托。因此，消费者感悟到的是这么一个活生生的、有温度的橙子产品。产品的人格化，更是让农产品或水果产品与消费者有情感的交流、有互动。

2. 营销的故事化。目前，消费者已经厌恶了欺骗和推销式的营销方式，而是对那些无形、心理认同的产品甚是追捧和热衷。因此，营销一定要让消费与我们倡导的理念在同一格调上。步调一致才能创造出更多的故事。“褚橙”就是这样一个故事的产品，与消费者的价值观和人生观相一致。“褚橙”所表现出来的“励志”“永不放弃”“不服输”的精神，让消费者接受和认同。所以，消费者认可褚老的精神，从而认可“褚橙”。他们也从“褚橙”身上找到自己的榜样，更找到了对美好生活的向往与追求。让产品“活起来”，是营销者在市场营销中最重要的功夫，我们必须把这个功夫下足，并真正下到消费者的心里。

此外，除了营销层面上，“褚橙”品牌的成功更多是思维上的运作。也就是综合运用了用户思维、简约思维、极致思维、迭代思维、社会化思维。用户思维，就是要站在消费者角度思考问题，思考消费者需要“什么样的产品”，并不断地去实践，修正，让生产出来的产品能符合消费者的需求。简约思维，就是专注做一款或者两款产品。极致思维，就是把少数几款产品做到完美，提供用户尖叫的产品。迭代思维，就是依据用户和市场的反馈，不断地改进产品和改善服务。社会化思维，就是发动群众的力量，充分利用社会传播和口碑宣传。

（三）启示：“互联网 +”带来的变革与创新

小米公司董事长雷军将互联网的思维和方法论总结为“七字诀”：专注、极致、口碑、快。“专注”强调企业明确自身定位，集中优势资源参与竞争；极致是指企业必须做到自己能力的极限，做到别人达不到的高度；口碑是指为用户创造最高价值体验，从而得到更忠诚的粉丝关注、实现更精准的粉丝口碑营销；“快”是指软硬件产品能以“快速迭代”的形式推出、升级并投入市场。

“互联网 +”时代，农业市场必将催生农产品标准化、规模化、品牌化的转型，品牌农业将迎来绝佳机遇。“互联网 +”变革了产品设计、生产、流通、营销等各环节，催生了以消费者为中心的 C2B 模式。“互联网 +”现代农业有助于提升农资服务水平、以大数据服务农业生产、打造农产品品牌、升级农产品销售模式、完善农业金融服务。

一是精准洞察目标市场，认清品牌人群。农产品进行品牌化运作为农产品实现溢价增收开创了先决条件。虽然人人都会消费，天天都会吃，但这并不意味着，品牌农产品的市场无限大、可以卖给任何人。品牌农产品在进行目标消费者定位的时候，不能简单地认为所有人群都是我们品牌的消费者。品牌建设中，人群属性画像是了解品牌宣传等策略主导提供界定条件。因此，只有通过清晰的目标人群定位，才能清晰界定品牌农产品的目标人群，他们是谁，在哪里，有什么样的消费理念，什么样的家庭结构，怎么购买，如何消费……这样品牌建设才能有的放矢。

二是产品力是第一品牌力。消费者的购买安全感只有在“品牌”上才可实现，所以对于企业而言，农产品的竞争终究是品牌的竞争，增强品牌效应至关重要。然而，农产品生产区别于其他消费品生产，其生产的环节多、周期性强，产品品质、产量受各种因素影响大。很多企业面临增长与收益压力，单纯以成本导向而降低品质，甚至以次充好，导致食品安全问题，最终失去消费者对品牌的根本信任。没有过硬的产品力，营销做得再好，品牌力根基不牢，品牌高楼其不危乎。因此，农产品的生产控制、品质保障对农产品品牌建设来说就成为基本前提。因此，我们在做农业品牌打造时，一方面，要遵循品牌农产品的植物生长、种植等规律；另一方面，又必须具有区别于普通农产品的差异化特点，使其具备独特的卖点或价值支持点。

三是建立品牌沟通的核心价值。品牌的本质是价值，品牌核心价值直接对接目标消费者的需求，触动他们购买。打造品牌是一个长期战略，更大的价值在未来市场。市场上，我们耳熟能详的多半是“地域品牌”，而非产品品牌。地域品牌的最大问题是好人坏人、所有人都可以用，就像我们今天，面对一大波挂有“阳澄湖大闸蟹”的标签，辨不出真假，长此以往，消费者便也对个这市场失去了正确判断，对整个行业来说是一场毁灭性的打击。因此，体现一个农产品的品质，必须借助地域特色找出差异化。借助地域的唯一性，根据其经纬度、温度湿度、光照时长、土壤结构等不同，也会生长出不同的、具有明显地域特色的农产品。因此，借助地域特色找出差异化，进行产品特色卖点的挖掘，然后进行专业品牌化的包装和便捷的服务，与消费者之间架起沟通、互动的桥梁，从而加强农产品品牌核心价值的传递。

第四节　山东省农产品品牌建设的对策建议

一、山东省农产品品牌建设需要加强农产品品牌战略规划与顶层设计

山东省，作为中国的重要农业大省，拥有丰富的农业资源和悠久的农耕文化。然而，在全球化竞争日益激烈的今天，单纯依靠传统农业生产模式已难以满足市场需求，品牌建设成为提升农产品附加值、增强市场竞争力的重要途径。因此，加强农产品品牌战略规划与顶层设计，对于山东省农业的高质量发展具有至关重要的意义。

（一）品牌战略规划的重要性

品牌战略规划是企业或地区在品牌建设过程中制定的长远性、全局性的规划，它明

确了品牌建设的目标、方向、路径和措施，是品牌建设的基础和保障。对于山东省而言，加强农产品品牌战略规划，有助于整合全省农业资源，形成品牌合力，提升农产品整体品牌形象和市场竞争力。

（二）当前存在的问题

尽管山东省在农产品品牌建设方面取得了一定成绩，但仍存在一些问题，这些问题制约了品牌战略规划的有效实施。具体来说，主要包括以下几个方面：

品牌建设意识不足：部分基层干部和企业对品牌建设的重要性认识不足，缺乏长远规划和持续投入。

品牌建设碎片化：由于各地资源禀赋、产业基础和发展水平不同，品牌建设呈现出碎片化现象，难以形成统一的品牌形象和市场合力。

标准化程度低：农产品标准化生产体系不完善，导致产品质量参差不齐，难以满足高端市场需求。

品牌文化内涵挖掘不足：多数农产品品牌缺乏独特的文化内涵和故事性，难以与消费者建立深厚的情感联系。

政策支持体系不完善：政策扶持力度不足、执行力度不够、政策体系之间缺乏协同性等问题制约了品牌建设的推进。

（三）强化品牌战略规划与顶层设计的路径

首先，要提高全省上下对农产品品牌建设重要性的认识。通过举办培训班、研讨会等形式，加强对品牌建设理念的宣传和推广，引导基层干部和企业树立品牌意识，将品牌建设作为推动农业高质量发展的重要抓手。山东省应制定全省统一的农产品品牌战略规划，明确品牌建设的目标、定位、路径和措施。战略规划应充分考虑各地区的资源禀赋、产业基础和发展水平，确保规划的科学性、合理性和可操作性。同时，要建立品牌建设协调机制，加强部门之间的沟通协调，形成合力推动品牌建设的顺利实施。

标准化生产是提升农产品品质和市场竞争力的基础。山东省应加快推进农产品标准化生产体系建设，制定和完善农业标准体系，加强农产品质量安全监管。通过推广标准化生产技术和管理模式，提高农产品的品质和安全性，为品牌建设提供有力支撑。品牌文化内涵是农产品品牌的核心竞争力之一。山东省应深入挖掘各地区的农业文化资源，将传统文化元素融入品牌建设之中。通过讲述品牌故事、打造文化符号等方式，增强品牌的情感连接和文化认同度，提升品牌的附加值和市场竞争力。

政策支持是农产品品牌建设的重要保障。山东省应加大对品牌建设的政策扶持力度，制定更加优惠的财政、税收、金融等政策措施。同时要加强政策执行力度和监管力度，确保政策措施得到有效落实。此外还应加强政策体系之间的协同性，形成合力推动品牌建设的顺利推进。品牌宣传与推广是提升品牌知名度和美誉度的重要手段。山东省应充分利用各种媒体渠道和平台加强对农产品品牌的宣传和推广工作。通过举办品牌推介会、参加国内外知名展会等方式加强与消费者和市场的互动交流；同时加强与电商平台的合作开展网络营销活动拓宽销售渠道和市场覆盖面。

随着全球化进程的加速推进，品牌国际化已成为提升农产品国际竞争力的重要途径。山东省应积极推动农产品品牌国际化进程加强与国际市场的交流与合作。通过参加国际农产品博览会、建立海外营销网络等方式提升农产品品牌在国际市场上的知名度和影响力；同时加强与国际标准接轨提升农产品品质和安全水平满足国际市场需求。

二、山东省农产品品牌建设需要提升农产品品质，强化品牌核心竞争力

在山东省这片肥沃的土地上，农产品品牌建设正逐步成为推动农业现代化、提升产业附加值的关键力量。然而，面对日益激烈的市场竞争和消费者日益增长的品质需求，山东省农产品品牌建设必须更加注重提升农产品品质，以此作为强化品牌核心竞争力的基石。

（一）提升农产品品质的重要性

农产品品质是品牌建设的基石，直接关系到品牌的信誉、口碑和市场竞争力。对于山东省而言，提升农产品品质不仅有助于满足消费者对高品质农产品的需求，提升消费者的满意度和忠诚度，还能够促进农产品品牌的差异化竞争，形成独特的品牌优势。同时，高品质的农产品往往能够带来更高的附加值，增加农民的收入，推动农业产业的可持续发展。

（二）当前存在的问题

尽管山东省在农产品品质提升方面取得了一定进展，但仍存在一些制约因素，主要包括以下几个方面：

农业生产方式落后：部分地区的农业生产方式仍然较为传统，缺乏现代化的农业技术和设备，导致农产品品质参差不齐。

标准化生产体系不完善：农产品标准化生产体系是确保产品品质的重要手段，但山东省在标准化生产方面仍存在不足，部分农产品难以达到高品质的标准。

质量监管不严格：农产品质量监管是保障产品品质的重要环节，但部分地区存在监管不严格、执法不力等问题，导致劣质农产品流入市场。

品牌意识不强：部分农民和农业企业缺乏品牌意识，不注重农产品品质的提升和品牌建设，导致农产品品牌竞争力不强。

（三）提升农产品品质的策略

现代农业技术是提升农产品品质的关键。山东省应加大对现代农业技术的研发和推

广力度，引导农民和农业企业采用先进的种植技术、养殖技术和加工技术，提高农产品的产量和品质。同时，要加强农业技术培训，提高农民的技术水平和生产能力。标准化生产体系是确保农产品品质的重要保障。山东省应加快制定和完善农产品标准化生产体系，明确农产品的生产标准、质量标准和检测标准，确保农产品生产的规范化和标准化。同时，要加强农产品质量监管，建立健全质量检测机构和质量追溯体系，确保农产品的质量和安全。

质量监管和执法力度是保障农产品品质的重要手段。山东省应加强对农产品生产、加工、销售等环节的监管，建立健全质量监管体系和执法机制，严厉打击制售劣质农产品的行为。同时，要加强农产品质量检测机构的建设和管理，提高检测能力和水平，确保检测结果的准确性和公正性。品牌意识是提升农产品品质的重要动力。山东省应加强对农民和农业企业的品牌意识教育，引导他们注重农产品品质的提升和品牌建设。通过举办品牌培训班、开展品牌宣传活动等方式，提高农民和农业企业的品牌意识和品牌管理能力，推动农产品品牌的快速发展。

（四）强化品牌核心竞争力的路径

提升农产品品质只是强化品牌核心竞争力的第一步，要真正形成强大的品牌竞争力，还需要从以下几个方面入手：

品牌文化内涵是品牌核心竞争力的重要组成部分。山东省应深入挖掘各地区的农业文化资源，将传统文化元素融入品牌建设之中，打造具有地域特色和文化内涵的农产品品牌。通过讲述品牌故事、传承农耕文化等方式，增强品牌的情感连接和文化认同度，提升品牌的附加值和市场竞争力。

品牌营销和推广是提升品牌知名度和美誉度的重要手段。山东省应充分利用各种媒体渠道和平台，加强对农产品品牌的营销和推广工作。通过举办品牌推介会、参加国内外知名展会等方式，展示农产品的品质和特色，提高品牌的知名度和影响力。同时，要加强与电商平台的合作，开展网络营销活动，拓宽销售渠道和市场覆盖面。

品牌创新和升级是保持品牌竞争力的重要途径。山东省应鼓励农民和农业企业加强品牌创新和升级工作，推动农产品品牌的差异化竞争和高端化发展。通过引进新品种、新技术和新工艺等方式，提高农产品的品质和附加值，满足消费者对高品质农产品的需求。同时，要加强品牌形象的塑造和维护工作，提高品牌的形象和美誉度。

品牌联盟和合作机制是推动品牌发展的重要方式。山东省应建立农产品品牌联盟和合作机制，加强品牌之间的合作和交流，形成品牌合力。通过共享资源、共同开发市场等方式，提高品牌的整体竞争力和市场占有率。同时，要加强与国内外知名品牌的合作和交流，学习借鉴先进的品牌管理经验和营销策略，推动山东省农产品品牌的快速发展。

三、山东省农产品品牌建设需要加大农产品品牌营销力度，拓宽销售渠道

在山东省这片农业资源丰富的土地上，农产品品牌建设已成为推动农业现代化、提升产业附加值的重要力量。然而，面对激烈的市场竞争和消费者日益多样化的需求，山东省农产品品牌建设必须更加注重品牌营销和销售渠道的拓宽。

（一）品牌营销的重要性

品牌营销是农产品品牌建设的核心环节，它直接关系到品牌的知名度、美誉度和市场占有率。对于山东省而言，加大农产品品牌营销力度，有助于提升农产品的附加值，增加农民的收入；有助于增强消费者对山东省农产品品牌的认知和信任，提高品牌忠诚度；还有助于推动山东省农产品走出地域限制，拓展更广阔的市场空间。

（二）当前存在的问题

尽管山东省在农产品品牌营销方面取得了一定进展，但仍存在一些制约因素，主要包括以下几个方面：

品牌营销意识不强：部分农民和农业企业缺乏品牌营销意识，不注重品牌形象的塑造和推广，导致农产品品牌知名度不高。

营销手段单一：传统的营销手段如广告、展会等已难以满足现代市场的需求，而新的营销手段如网络营销、社交媒体营销等尚未得到广泛应用。

销售渠道狭窄：部分农产品仍依赖于传统的销售渠道，如农贸市场、批发市场等，这些渠道的销售范围有限，难以覆盖更广阔的市场。

品牌建设投入不足：部分农业企业由于资金、技术等方面的限制，对品牌建设的投入不足，导致品牌营销效果不佳。

（三）加大品牌营销力度的策略

首先，要增强农民和农业企业的品牌营销意识。通过举办品牌培训班、开展品牌宣传活动等方式，提高他们对品牌营销的认识和重视程度。让他们明白，品牌营销不仅是提升产品附加值、增加收入的重要手段，更是提升企业形象、增强市场竞争力的重要途径。其次，要创新营销手段，充分利用现代科技手段进行品牌营销。例如，可以利用网络营销平台，如社交媒体、电商平台等，进行农产品的在线展示、销售和推广；可以利用大数据和人工智能技术，进行精准营销和个性化推荐；还可以利用短视频、直播等新兴媒体形式，进行农产品的生动展示和互动营销。

品牌故事是品牌营销的重要组成部分，它有助于增强品牌的情感连接和文化认同度。山东省应深入挖掘各地区的农业文化资源，将传统文化元素融入品牌故事中，讲述农产品的种植历史、文化背景、独特品质等，让消费者在了解品牌的同时，也能感受到品牌

的温度和情感。最后，要加大品牌建设的投入。政府应出台相关政策，鼓励和支持农民和农业企业进行品牌建设，提供资金、技术等方面的扶持。同时，农业企业也应自身加强品牌建设的投入，提升品牌形象和品质，为品牌营销打下坚实基础。

（四）拓宽销售渠道的路径

在加大品牌营销力度的同时，山东省还应积极拓宽农产品的销售渠道，以覆盖更广阔的市场空间。

随着互联网的普及和电商的快速发展，线上销售渠道已成为农产品销售的重要渠道之一。山东省应加强与电商平台的合作，推动农产品上网销售。可以通过建立农产品电商平台、开展网络直播销售、参与电商平台促销活动等方式，拓宽线上销售渠道，提高农产品的销售量和知名度。线下销售渠道仍然是农产品销售的重要渠道之一。山东省应深化与超市、商场、餐饮企业等线下销售渠道的合作，推动农产品进入这些渠道销售。可以通过建立农产品直供基地、开展农产品展销会、参加农产品批发市场等方式，深化线下销售渠道，提高农产品的市场占有率和销售额。

除了传统的线上和线下销售渠道外，山东省还应积极探索新型销售渠道。例如，可以利用社区团购、生鲜电商等新兴渠道，将农产品直接送达消费者手中；可以利用跨境电商平台，将农产品销往海外市场；还可以利用旅游、休闲农业等渠道，将农产品与旅游、休闲等产业结合起来，实现多渠道销售。无论选择哪种销售渠道，都要加强渠道管理和服务。要建立完善的销售渠道管理制度和流程，确保农产品的质量和安全；要加强对销售渠道的培训和指导，提高销售渠道的运营能力和服务水平；还要加强与销售渠道的沟通和协作，共同推动农产品的销售和推广。

四、山东省农产品品牌建设需要建立健全农产品品牌保护机制，打击假冒伪劣

在山东省这片富饶的土地上，农产品品牌建设正如火如荼地进行着，成为推动农业现代化、提升产业竞争力的重要引擎。然而，随着品牌建设的深入推进，假冒伪劣农产品的泛滥问题也日益凸显，严重损害了正规农产品品牌的声誉和消费者权益，对山东省农产品品牌建设的长远发展构成了严峻挑战。因此，建立健全农产品品牌保护机制，严厉打击假冒伪劣行为，成为山东省农产品品牌建设亟需解决的关键问题。

（一）农产品品牌保护的重要性

农产品品牌是农业生产者智慧和劳动的结晶，是农产品质量、信誉和文化的综合体现。建立健全农产品品牌保护机制，对于维护农产品品牌的合法权益、保障消费者权益、促进农产品市场健康发展具有重要意义。

品牌是农产品的“身份证”，是消费者识别和选择农产品的重要依据。假冒伪劣农

产品的存在，严重损害了正规品牌的形象和信誉，导致消费者对品牌的信任度降低，进而影响品牌的长期发展。假冒伪劣农产品往往以次充好、以假乱真，严重侵害了消费者的合法权益。建立健全品牌保护机制，可以有效遏制假冒伪劣行为，保障消费者购买到安全、优质的农产品。

假冒伪劣农产品的泛滥，扰乱了农产品市场的正常秩序，阻碍了市场的健康发展。通过建立健全品牌保护机制，可以规范市场秩序，促进农产品市场的公平竞争和良性发展。

（二）山东省农产品品牌保护现状及挑战

部分农业生产者和经营者品牌保护意识薄弱，对假冒伪劣行为的危害性认识不足，缺乏主动维权的意识和能力。农产品市场监管机制尚不完善，存在监管盲区，导致假冒伪劣农产品有机可乘。同时，监管部门之间的协作不够紧密，影响了打击假冒伪劣行为的效率和效果。

农产品品牌保护的技术手段相对落后，难以有效识别和追踪假冒伪劣产品。特别是在互联网和电商平台日益发达的今天，假冒伪劣农产品的线上销售更加隐蔽和难以监管。农产品品牌保护的法律法规体系尚不完善，对假冒伪劣行为的处罚力度不够，难以形成有效的震慑作用。

（三）建立健全农产品品牌保护机制的策略

首先，要加强农产品品牌保护的宣传教育，提高农业生产者和经营者的品牌保护意识。通过举办培训班、发放宣传资料、开展案例警示等方式，让农业生产者和经营者充分认识到品牌保护的重要性，增强主动维权的意识和能力。其次，要完善农产品市场监管机制，加强监管力度和协作配合。建立健全农产品市场监管体系，明确监管职责和分工，确保监管无盲区、无死角。同时，要加强监管部门之间的信息共享和协作配合，形成打击假冒伪劣行为的合力。再次，要提升农产品品牌保护的技术手段，利用现代科技手段提高识别和追踪假冒伪劣产品的能力。例如，可以利用物联网、大数据等技术手段，建立农产品追溯体系，实现农产品的全程可追溯；可以利用人工智能、图像识别等技术手段，提高假冒伪劣产品的识别准确率；还可以利用区块链等技术手段，确保农产品信息的真实性和不可篡改性。

最后，要健全农产品品牌保护的法律法规体系，加大对假冒伪劣行为的处罚力度。完善相关法律法规，明确假冒伪劣行为的法律责任和处罚措施，提高违法成本，形成有效的震慑作用。同时，要加强执法力度，确保法律法规得到有效执行。

（四）严厉打击假冒伪劣行为的措施

在建立健全农产品品牌保护机制的基础上，山东省还应采取以下措施，严厉打击假冒伪劣行为：

开展专项整治行动：针对假冒伪劣农产品泛滥的重点区域、重点市场和重点产品，开展专项整治行动，集中力量进行打击和整治。

加强执法力度：加大对假冒伪劣行为的执法力度，对违法违规行为进行严厉查处，确保法律法规得到有效执行。同时，要加强执法队伍的建设和培训，提高执法人员的专业素质和执法水平。

建立举报奖励机制：鼓励消费者和社会各界积极参与打击假冒伪劣行为的行动中来，建立举报奖励机制，对提供有效线索的举报人给予一定的奖励和表彰。

加强国际合作：加强与国际组织和其他国家和地区的合作与交流，共同打击跨国界的假冒伪劣行为，维护全球农产品市场的公平竞争和健康发展。

五、山东省农产品品牌建设需要推动农产品品牌国际化，提升国际竞争力

在全球经济一体化的大背景下，农产品市场的国际化趋势日益明显。山东省，作为中国农业大省，其农产品品牌建设不仅关乎省内农业经济的发展，更对提升中国农产品的国际形象与竞争力具有举足轻重的作用。推动农产品品牌国际化，是山东省农产品品牌建设的重要方向，也是提升国际竞争力的关键所在。

（一）农产品品牌国际化的意义

农产品品牌国际化，是指将农产品品牌推向国际市场，提升其在国际上的知名度和影响力，进而增强国际竞争力。对于山东省而言，推动农产品品牌国际化具有以下重要意义：

拓宽市场空间：通过品牌国际化，山东省农产品可以突破地域限制，进入更广阔的国际市场，从而拓宽销售渠道，增加市场份额。

提升品牌价值：国际市场的认可和接受，将极大提升山东省农产品品牌的价值和声誉，有助于形成品牌溢价，提高产品附加值。

促进技术交流与合作：品牌国际化过程中，山东省农产品企业将有机会与国际同行进行技术交流与合作，引进先进技术和管理经验，提升整体竞争力。

增强国际影响力：成功的品牌国际化，将使山东省农产品成为中国农业的一张亮丽名片，增强中国农产品在国际上的影响力和话语权。

（二）山东省农产品品牌国际化的现状与挑战

相较于国际知名农产品品牌，山东省农产品品牌在国际市场上的知名度相对较低，缺乏足够的品牌影响力和竞争力。国际贸易中存在着诸多壁垒，如关税、非关税壁垒、技术标准等，这些壁垒对山东省农产品进入国际市场构成了一定障碍。

不同国家和地区有着不同的文化背景和消费习惯，山东省农产品品牌在国际推广过

程中需要克服文化差异带来的挑战。随着全球农产品市场的不断开放和竞争加剧，山东省农产品品牌面临来自世界各地的激烈竞争，需要不断提升自身实力以应对挑战。

（三）推动农产品品牌国际化的策略

首先，要加强农产品品牌的建设与推广。通过提升产品质量、优化包装设计、加强品牌营销等方式，打造具有山东特色的农产品品牌。同时，利用国际农产品展会、跨境电商平台等渠道，加大品牌在国际市场上的推广力度，提高品牌知名度和影响力。其次，要积极突破国际贸易壁垒。加强与国际贸易组织的合作与交流，了解并遵循国际贸易规则和标准，争取更多的国际贸易便利化措施。同时，加强农产品质量安全监管，提升产品品质和安全性，以满足国际市场的需求和标准。

再者，要深化文化交流与融合。在品牌国际化过程中，注重挖掘和传承山东农产品背后的文化故事和地域特色，将文化与品牌相结合，提升品牌的文化内涵和吸引力。同时，加强与目标市场的文化交流与互动，增进相互了解和信任，为品牌国际化打下坚实基础。最后，要不断提升国际竞争力。通过技术创新、管理创新等方式，提高农产品的生产效率和品质水平。加强与国际同行的交流与合作，引进先进技术和管理经验，提升整体竞争力。同时，注重品牌差异化发展，打造具有独特卖点和竞争优势的农产品品牌。

（四）提升国际竞争力的路径

加大农业科技研发投入，推动农产品种植、养殖、加工等环节的科技创新，提高农产品的品质和产量。同时，利用现代信息技术手段，提升农产品的智能化、精准化生产水平。根据国际市场需求和趋势，优化农产品产业结构，发展具有比较优势和市场竞争力的农产品品种。同时，加强农产品加工业的发展，提高农产品的附加值和产业链水平。

建立健全农产品品牌管理体系，加强品牌注册、保护、宣传和推广工作。注重品牌形象的塑造和维护，提升品牌的知名度和美誉度。同时，加强品牌质量管理，确保农产品的品质和安全。积极开拓国际市场，加强与国际贸易伙伴的合作与交流。利用跨境电商平台、国际农产品展会等渠道，拓宽农产品的销售渠道和市场空间。同时，了解并遵循目标市场的需求和规则，提高农产品的市场适应性和竞争力。加强国际化人才的培养和引进工作，为农产品品牌国际化提供有力的人才保障。通过培训、交流、合作等方式，提高农业企业和从业人员的国际化素质和水平。

第七章 现代农业的园区发展规划

随着国家对农业园区的政策支持、财政扶持力度加大，全国各地掀起了农业园区的建设高潮，各类各层次农业园区不断涌现，取得了较好效益。建设现代农业园区成为各地推进农业现代化的重要举措。下面以湖北省潜江市为例作介绍。

第一节 现代农业园区的发展背景

现代生态观光农业是一种以农业和农村为载体的新型生态旅游业。近年来，伴随农业产业化的发展，现代农业不仅具有生产性功能，还具有改善生态环境质量，为人们提供观光、休闲、度假的生活性功能。随着收入、闲暇时间的增多，生活节奏的加快以及竞争的日益激烈，人们渴望多样化的旅游，尤其希望能在典型的农村环境中放松自己。于是，农业与旅游业边缘交叉的新兴产业——观光农业应运而生，拓展了农业发展的新空间，开辟了旅游业发展的新领域。

随着人们生活水平的提高，城市居民崇尚回归自然、返璞归真的需求越来越强烈，群众对农家乐休闲、旅游的兴趣日益浓厚。因此，现代农业生态园的建设，可以把生态农业区的建设与生态旅游建设统一起来，提高产业的关联度，带动潜江市相关产业的共同发展，不但为潜江市提供了新的旅游项目，而且增加了经济效益和生态效益，实现经济与社会的全面发展与进步。因此，建立一个集生态效益、经济效益、社会效益于一体的生态农业综合开发基地是十分必要的。

加强“三农”工作，积极发展现代农业，扎实推进社会主义新农村建设，是全面落实科学发展观、构建社会主义和谐社会的必然要求，是加快社会主义现代化建设的重大任务。推进现代农业建设，顺应我国经济发展的客观趋势，是促进农民增加收入的基本途径，是提高农业综合生产能力的重要举措，是建设社会主义新农村的产业基础。同时，国家积极推进将休闲农业与乡村旅游发展纳入社会主义新农村建设规划布局，制定《休闲农业与乡村旅游发展规划纲要》。鼓励金融机构为休闲农业和乡村旅游业发展提供信贷支持，对有资源优势的园区和乡村，简化贷款手续，支持各地发展休闲农业和乡村旅游。潜江市现代农业生态园完全是遵照中共中央、国务院和省、市有关文件精神建设的，符合国家农业发展政策。

第二节 现代农业园区规划的必要性

一、有利于落实供给侧结构性改革

农业生态园区强调发挥农业生态系统的整体功能，以大农业产业化集群发展为出发点，遵循“整体、协调、循环、再生”的原则，全面规划、调整和优化农业结构，促进农村一、二、三产业融合发展，并使各产业之间相互支持，相得益彰，提高综合生产能力。农业生态园区针对潜江市自然条件、资源基础、经济与社会发展情况，充分吸收传统农业精华，结合现代科学技术，以多种生态模式、生态工程、丰富多彩的技术类型装备和结合休闲旅游市场发展，使潜江市能扬长避短，充分发挥地区优势，使龙虾产业根据社会需要与当地实际结合、协调发展。

旅游业不但是一个自身能够创汇增收、创造大量就业岗位的经济产业，而且是一个能够拉动内需、带动众多产业发展的综合性产业，是一个可以促进一、二、三产业互相渗透融合，有助于推动城乡、区域、经济、社会、人与自然、国内发展与对外开放统筹发展的催化产业，这对于做大做强特色产品小龙虾一、二、三产业全产业链更有重要意义。虽然潜江的游客接待量已经连续几年呈现出了较快的增长势头，但是旅游市场的开发却差距越来越大，形成了全市旅游市场的真空地带，急需开发几个有一定档次的旅游项目，填补市场的空白。

二、有利于打造城市发展新名片

潜江市位于湖北省中部，地处美丽富饶的江汉平原腹地，被国家授予“中国小龙虾之乡”的称号。世界小龙虾看中国，中国小龙虾看湖北，湖北小龙虾看潜江。近年来，潜江市充分发挥江汉平原丰富的水资源优势，积极探索发展现代循环农业，打造世界龙虾产业之都。按照“政府扶持引导、龙头企业带动、板块基地配套、协会组织联结、品牌战略推动”的产业化思路，创新发展模式，走出了一条独具特色的水产产业化发展之路，不仅为农民增收开辟了广阔的空间，而且使潜江迅速崛起为全国最大的淡水小龙虾加工出口基地，在世界淡水小龙虾产品市场拥有第一话语权。潜江小龙虾产业的崛起，为全省小龙虾产业发展起到了强大的示范和推动作用。

对于有如此巨大优势的龙虾产业，为了做大做强龙虾一、二、三全产业链，助推潜江经济发展迈上新台阶，重塑潜江城市新名片，打造主题特色鲜明、人文气息浓厚、生态环境优美、多功能叠加融合、产业发展鲜明的现代农业生态园就显得尤为重要和突出。

三、有利于提升潜江市人民生活品质

当前潜江市休闲产业发展还相对滞后、休闲系统的不完善，休闲产业发展的单一，休闲产业远远跟不上社会发展的需要。潜江现代生态园的建成将与湖北龙展馆连成一体，将在潜江市的旅游业上成为一个新的亮点，把现代科技农业、生态农业和观光旅游有机地紧密地结合在一起，打造出一个拥有自然风光和农事活动为一体的规模较大的综合性农业生态园，将吃、住、行、游、娱、购融为一体，满足城镇居民物质生活与精神生活日益提高后对生态旅游景区的需求。

四、有利于促进农村经济发展和农民增收

现代农业生态园的建设，将基本形成代表21世纪水平的农业科技成果转化的重要基地和平台，各功能区将成为农业技术组装集成、科技成果转化的平台，成为农业新技术开发、转化、培训、推广的重要基地，在园区实现绿色的自然生态循环型的种、养、加工、科研、开发为一体的循环经济模式，建设无公害农产品产业化与生态环保住宅为一体的新型示范园。将成为区域农业结构调整的先导区和农业产业化的试验区，以发展“优质、高产、高效、生态、安全”农业为重点，以“标准化、工厂化、智能化、精准化”建设为主攻方向，围绕生态农业产业，引进生态农业的发展理念和管理模式，以及先进的种养殖专利技术，建立无公害、标准化、规范化种植或养殖示范基地，可以有效地起到示范作用，带动全市农户转变观念，提高科技水平，迅速走上一条可持续发展的生态高效农业建设新路，为发展农村经济，增加农民收入作出贡献。

第三节　现代农业园区规划总体方案设计

一、指导思想

生态园区规划以潜江小龙虾为主题，以现代前沿的生态农业、智慧农业、精准农业、设施农业为主要发展方向，以科普、休闲、旅游、观光、采摘、餐饮、农业科技创新等主要功能融为一体的现代农业生态主题公园。

园区规划要兼顾景观生态性与娱乐性。在对生态园进行实地规划时将通过合理布局，采取养殖区与种植区和观光娱乐区分开、果树中间种农作物等措施，既丰富了植物景观群落，又增加了观光采摘的多样性和趣味性。重视开发“体验经济”。通过生态园的建

设，让观光者体验到“回归自然，健康为本”的感受，吸引城市观光者广泛参与到生态园的生产、生活中，增强农耕、民俗体验。同时，园区服务设施规划要具有现代性。在办公区、服务接待区、展示区、停车场、厕所等服务设施的规划上将采用现代化的材质和设计方案，特别是观光者关心的卫生和洗手池的布置一定要打破传统的农家风格。

二、规划原则

（一）可持续发展原则

项目建设遵循可持续发展的原则，提倡自然循环和自然生态，保护好生态环境，把资源开发和经济社会协调发展有机地结合起来，把可持续发展农业与乡村发展有机结合起来，实现产业化发展和生态环境相互促进的良性循环。

（二）整体性与开放性原则

生态园的规划将从整体布局着手，特别重视观光区和服务区与周边环境的有机结合。从生态园内部讲，整个功能区尽管有各自的特点，但并不是一个个无机的、分散的结构，而是一种开放式的有机结合体；同时生态园本身将与周边环境相互衔接、相互融合。

（三）生态性原则

生态园自身的生产生活将更为注重生态方面的要求，节制引用外来物种，保护和发展乡土物种，不会对农场本身和周边乡村产生不良影响。

（四）经济性原则

生态园将充分发挥高科技公司的优势，强调用最少的人工和资金投入来健全自然生态过程，强调有效利用有限的土地资源；同时，生态园本身除了发展生态农业产品以外，还将开展采摘观光等，以带来更多的经济效益求得生态园自身良性循环。因此，在生态园规划中将充分考虑经济生产的内容。

（五）参与性原则

亲身直接参与与体验、自娱自乐成为当前的旅游时尚。生态园在观光项目的设置上将充分考虑体现“参与感”“体验感”，结合生态园本身空间广阔、地貌丰富等特点，吸引城市观光者广泛参与到生态园的生产、生活的方方面面，多层面地体验农场生活的情趣，享受到原汁原味的乡村文化氛围。

（六）特色性原则

特色是生态园经济发展的生命力之所在，越有特色其竞争力和发展潜力就会越强，因此，生态园应该明确资源特色，选准突破口，使生态园具有更鲜明的市场特色。

（七）多样性原则

鉴于人们在当今的休闲娱乐中将充分展现个性，生态园在进行观光规划中安排观光线路、方式、时间和消费水平上，将综合考虑多种方案，组织多样的休闲项目和线路供观光者选择。

（八）适宜性原则

土地能力是指土地的生产潜力，它是一定土地所固有的。对生态园的土地利用作出决定，是其规划设计的重要内容。项目将对生态园内各个不同土地类型地块的各种利用作出适宜性评价，以实现土地的最合理化利用，获得最大的经济效益。

三、规划目标

一是直接经济效益目标。生态农业观光园是现代农业的一个新兴分支，是以农业产业为基础。因此，获取直接的经济效益是观光农业最基础的目标，特别是观光农业发展的初始阶段尤为如此。

二是可持续发展目标。可持续发展是现代农业的基本理念。生态农业观光把改善生态、美化自然、造就人与自然和谐的生存发展环境作为自身发展的目标。

第四节　现代农业园区的功能分区与内容

现代农业生态园是以农业观光、农业休闲功能为主，兼有度假、文化娱乐、体育运动等多功能的综合性游览区。农业观光园是为让久居城市的人们，感受乡村的生活，感知当地的地域文化而建立的。所以，园区设计以小龙虾变形而来的水体贯穿全园来体现叙事景观的主旨意义。一条明朗的叙事线路贯穿全园所有景点，游人在体验小桥流水人家这种乡村基调的同时，又能领略到当地地域文化带来的震撼。以地域文化叙事为基点，结合良好的环境及蔬菜、果树、花卉、小龙虾等当地优势产业，将全园打造成集生产、展示、科技成果转化、教育、培训、采摘、娱乐为一体的综合性观光农业园。

在休闲活动安排上，生态农业观光园追求与游客的互动性，游客参与性项目安排有采摘、走迷宫、酿酒（果酒 / 葡萄酒）、编织、垂钓、植物组织培养、老式农耕活动等，是久居城市的人回归自然，追究野趣，体味“住一天农家屋，干一天农家活，吃一天农家饭”乐趣的理想度假园区，也是学校进行“寓教于游，寓教于乐”的科普教育理想之地。

结合园区用地规划布局以及结合场地自身特征，园区大致分为四大功能区，即旱作农业区、湿地农业区、设施农业区、坡地农业区。

一、旱作农业区

以旱地为基本载体，与外环高速公路相邻，地势相对平缓，多为开放式空间，景观观赏呈现明显的季节性，如初春的麦田景观、初夏的油菜景观、初秋的稻田景观。引进荷兰竞相争艳的花卉，以色列的高新农业技术，美国风情农场，博览国际农业，展示世界各地的农业特色项目。

在其景观规划时，首先，应按照作物生长的季节性规律搭配不同作物品种，采用间作、轮作、换作等耕种方式，避免虫害的发生，保证生产产量和景观效果，使四季皆有景可观。其次，要体现旱作农田景观的美学价值，重点处理农川景区的田冠线、田缘线，着重规划边缘绿化，构造形式优美的轮廓线。

结合填埋空地开阔处设置游憩设施，如观赏廊架、休息坐凳，方便游客采风、摄影、逗留，体现人性关怀，同时还可用稗、茅、芦苇等野生杂草，配合石板小路烘托农田景观的乡野氛围。

建设户外拓展训练场，吸引团体游客开展户外素质拓展训练项目。

建设农作物迷宫区：园区建有农作物迷宫，四季种植不同的农作物，利用其高度形成植物迷宫，或向日葵、或玉米、或小麦，或菊花，每年每季景观不同。其中以旧石板铺设了纵横交错的道路系统，并在各个结点布置了休闲的桌椅和老井供游客使用。

以智慧农业、精准农业技术手段打造大田种植物联网。大田种植监控系统的重要组成部分包括：

1. 数据采集。①地面信息采集：使用温湿度、光照、雨量、风速、风向、气压等传感器采集地面气象信息。当气象信息超出正常值可及时采取措施，减轻自然灾害带来的损失。②地下信息采集：使用土壤温度、水分、水位、养分含量（N、P、K）、溶氧、pH 等信息监测，实现合理灌溉，避免水源浪费和大量灌溉导致的土壤养分流失。

2. 智能控制。利用托普仪器创新地将物联网、云计算等信息技术与水肥一体化技术进行有机结合，真正实现土地可视化数据直接控制水肥一体化设备，实现精准农业。

3. 软件平台。大田种植监测预警系统通过 GPRS 传输方式将田间的数据传输到监控与预警中心，有效解决了空间与时间的难题。系统软件平台可将各个采集节点所采集的数据进行整理分析以表格、曲线图、柱状图的方式展现和存储，方便用户随时查看和积累种植经验。

二、湿地农业区

湿地农业区是在园区中心建造小龙虾形状水体，规划建设水生作物种植区、水产养殖区、水上乐园等。

（一）水生作物种植区

以“荷花仙子”主题雕塑为中心设简朴自然的赏花台，以方便游人驻足观景，摄影留念。水中设木质栈桥连通亭、榭、堤、路四方，给游人提供一条亲近自然，融入水景的通道，既可远观，又可近赏。栈桥在水生植物区游览线上起着点景休息作用，在远观上打破水平线构图，有对比造景、分割水面层次作用。结合规划分区，将水生植物区分为荷香四逸、曲院莲天、花溪观鱼、相石寻芳四部分。各景点相互因借，互为呼应，被宽广坦荡的景区水面紧紧地拉在一起，构成了一幅丰富多彩、优美动人的自然风景画。

植物材料具体如下：挺水植物：荷花、菱白、黄花莺尾、千屈菜、芦苇、水生美人蕉、花叶芦竹、菖蒲、香蒲、慈姑、水葱、长柱驴蹄草、灯芯草；浮叶及漂浮植物：王莲、睡莲、浮萍、萍蓬草、芡实、莕菜；沉水植物：金鱼藻、黑藻、苦草、范草等；湿生植物：水杉、风信子、莺尾、樱草类植物。

（二）水产养殖区

浅水区打造一块综合种养区，开展稻虾共作、稻鱼共生、藕鱼共生的立体农业模式。在深水区开展小龙虾以及其他鱼鳖虾等水产养殖。适当留出一定面积的水域作为垂钓区，并在周边适当营造建筑作为农庄建筑，供垂钓者及游客享用鱼餐美味的佳处。

垂钓区建有一个专业垂钓池与特种鱼虾垂钓塘，这些垂钓池环境优美，设施齐备，专业垂钓池养殖有多种常规鱼，特种鱼垂钓塘每个塘养殖一种稀特鱼、虾等。

水产养殖区充分利用农业物联网技术，发展智慧渔业与精准管理。农业物联网集成智能水质传感器、无线传感网、无线通信、智能管理系统和视频监控系统等专业技术，对养殖环境、水质、鱼类生长情况等进行全方位监测管理，达到省电、增产增收的目标。

（三）水上乐园

水上乐园紧邻旱地花卉区域，一年四季花卉飘香，配套水上乐园项目，如儿童戏水池、标准游泳池、螺旋组合滑梯、大型竞赛滑道、水上排球场等，打造周边群众夏季休闲最具活力的时尚享受，真正实现了水中赏花、花中玩水的最高境界。

三、设施农业区

设施农业区分为三个区域：塑料大棚区、日光温室区、智能温室区（组培工厂）。园区建有以国产连栋大棚和现代温室为主的现代化生产设施，主要种植各种各样的瓜果蔬菜，如小番茄、小黄瓜、草莓，并种西瓜、甜瓜、野菜等供采摘和园区餐厅所用。另外农业园还有观光型玻璃温室一座，温室里种植各种奇特瓜果，四季常绿，极具观赏性。设施园艺植物通常为蔬菜、花卉、瓜果、药用等植物，蔬菜花卉种植多采用点植、片植和盆景的栽培方式，在空间上采用树立墙体种植，搭建棚、篱、架等方式，突出空间的美感和艺术效果。瓜果类作物多以基质栽培、无土栽培的方式，以篱、棚架为攀援体进行空间设计，以仿生、模仿动漫模型、著名建筑等方式进行外形的整体设计，多样的果型和绚丽的色彩形成了多样的景观。如将红薯种植在棚架上，打破了常规的种植方式，使其更富有吸引力和艺术效果。在植物选择上多采用异域园林植物，以突出文化的差异性和体现异域风情，进而对游客产生强大的吸引力。例如，在设施农业旅游区中，多种植热带园林植物，使游客近距离就能观赏到热带的景观。

建设智能温室（组织育苗工厂），实现“名、优、特、新、奇”等品种的培育以及稀缺植物的保存，并较常规快数万倍乃至数十万数百万倍的速度扩展增大繁殖，以提供更多的优质种苗。而且在试验与生产整个过程中达到微型化与精密化，既节约了人力与物力，又能够更好地对培养基的成分、温度与湿度、光强度与光质以及光周期进行有效控制，实现整年都可进行试验与生产。

设施农业区应该处理好与环境的关系，引入节能环保的新技术，充分发挥雨水收集、太阳能、风能和生物能的资源优势，为观光园内各种设施服务，为发展新能源提供参考示范。

以智慧农业、精准农业技术手段打造设施农业物联网。在温室环境里，单栋温室可利用物联网技术，采用不同的传感器节点和具有简单执行机构的节点（风机、低压电机、阀门等工作电流偏低的执行机构）构成无线网络来测量土壤湿度、土壤成分、pH、降水量、温度、空气湿度和气压、光照强度、二氧化碳浓度等来获得作物生长的最佳条件，通过模型分析、自动调控温室环境、控制灌溉和施肥作业，进而获得植物生长的最佳条件。对于温室成片的农业园区，通过接收无线传感汇聚节点发来的数据，进行存储、显示和数据管理，可实现所有基地测试点信息的获取、管理和分析处理，并以直观的图表和曲线方式显示给各个温室的用户，同时根据种植植物的需求提供各种声光报警信息和短信报警信息，实现温室集约化、网络化远程管理。此外，物联网技术可应用到温室生产的不同阶段，把不同阶段植物的表现和环境因子进行分析，反馈到下一轮的生产中，从而实现更精准的管理，获得更优质的产品。

四、坡地农业区

利用挖沟挖塘取土堆造人工坡地，在坡地上种植优质林果品种，林下可随季节间作部分采摘果蔬，开展教育、休闲、娱乐等多功能旅游活动。

果树观光采摘区种植葡萄、枇杷、火龙果、梨、樱桃、桃、冬枣等果树，为配合观光采摘，突出果品特色，在品种上尽可能选用该区适应性强的优质的新型品种，新植果树选用矮化密植，为便于采摘，在行间距上适当拉宽。同时要注意采摘的时间间距，尽可能将采摘时间间隔拉开。

整个园区的果树进行生态栽培，不施化肥，全部采用腐熟农家肥，果园内进行生草栽培无公害农药，用无毒的自制生态农药进行病虫害防治，在进行生态栽培的同时为防止鸟害在必要的地方进行遮网防鸟。

在果园种植间隙种植有草莓、黄瓜、食用菌及鲜食糯玉米等蔬菜，可延长果品采摘期的不足，同时充分利用了土地。草莓采摘活动在春季1月至4月，樱桃、枇杷采摘在夏季5月、6月，葡萄的采摘贯穿夏秋两季，时间从6月中旬到10月初，火龙果的采摘时间更长，为每年5月开花结果至11月，果枝每月开花、结果、成熟一次。冬枣采摘集中在9月中下旬至10月下旬，选购冬枣可延至12月中旬。

建设农业物联网与水肥一体化系统。水肥一体化智能灌溉系统可以帮助生产者很方便地实现自动的水肥一体化管理。系统由上位机软件系统、区域控制柜、分路控制器、变送器、数据采集终端组成。通过与供水系统有机结合，实现智能化控制。可实现智能化监测、控制灌溉中的供水时间、施肥浓度以及供水量。变送器（土壤水分变送器、流状变送器等）将实时监测的灌溉状况，当灌区土壤湿度达到预先设定的下限值时，电磁阀可以自动开启，当监测的土壤含水量及液位达到预设的灌水定额后，可以自动关闭电磁阀系统。可结合时间段调度整个灌区电磁阀的轮流工作，并手动控制灌溉和采集墒情。整个系统可协调工作实施轮灌，充分提高灌溉用水效率，实现节水、节电，减小劳动强度，降低人力投入成本。

五、配套基础设施

（1）土地平整该生态园地势较为平坦，在拆迁工作完成后，需对现有土地进行平整，清理出建筑垃圾，在中心区域可按小龙虾造型挖出水面区域，在周边挖出沟渠，挖掘出的土在某一地块进行了简单的地形处理，堆起有起伏的坡地地形，用于林果观光园建设。

（2）建设实验室及VR体验馆，打造“VR技术＋互动体验”创新农业教育模式。

（3）农产品质量追溯系统，实现“从农田到餐桌”的全程可追溯信息化管理。该系统是区域农产品质量安全信息统一发布和查询平台，根据农产品“一物一码”标准，消费者可以通过短信、电话、POS机、网上查询、智能手机扫描二维码、条形码等查询方式，准确了解农产品从生产、加工、物流、仓储、销售等全过程的信息，选择放心产品。

（4）修建道路、沟渠设施。

（5）兴建小型现代化养殖中心。

（6）修建工作人员办公区、宿舍及小规模接待区。

（7）修建沼气池，满足生态园照明、动力等需要。

（8）建设滴灌系统，发展果树种植和间种农作物。

（9）修建入口服务区、广场、生态停车场、会议中心。

（10）修建餐饮、文化体育娱乐设施。

第五节　现代农业园区具体规划布局分析

一、总体功能布局

园区的结构为“一心、两轴、二环、六园”。一心：龙虾主题创意园，位于龙展馆正南面，其主入口与龙展馆遥相呼应，充分展示龙虾文化。两轴：南北向景观大道，将龙展馆、龙虾创意园、荆楚文化长廊和现代农业展示园连成一线。东西向高铁线为游览步道，供游客游览。二环：一是湿地生态园环线；二是其他五区形成的环线。形成园区内的主要游览步道。六园：龙虾主题园、百花园、生态农园、民俗文化园、主题游乐园、湿地生态园。

二、道路和水系规划

（一）水源利用方案分析

为满足园区防洪除涝、灌溉和生态建设要求，规划园区内部新开挖水系，并与外部水系分隔。东、西两侧各建设双向引排水泵闸和涵闸以满足排涝和初期引调水需求。

由于园区内以种植有机蔬菜为主，对灌溉水源要求较高，周边河网不宜作为园区灌溉水源。为实现园区的低碳可持续发展，规划采用收集雨水作为水源利用方案，一方面减少园区雨水排放量，降低暴雨径流带来的防洪压力和面源污染；另一方面提高雨水就地资源状、水资源利用效率和灌溉水质，减少园区地表水资源利用率和水质处理成本，从而通过减少水资源直接利用和能源消耗实现低碳发展模式。

设计考虑在园区内新开挖人工河作为园区内部雨水收集的蓄水调节池，充分利用天然雨水资源和大棚、路面、管理区及露天菜田的收集雨水作为园区内部水系的补水水源，园区日常灌溉水源直接取自内部水系，当内部水系储水量不足时通过泵闸从外围东、西两侧水渠进行适当补水。

（二）水质净化方案

针对工程的水质特点和设计需求，确定园区水质净化和维持采用水生态净化工艺方案，结合园区布局合理布置生态净化措施和单元，通过水生动植物群落的构建与配置，形成结构完整、功能齐全的健康水生生态系统，通过水生生态系统自身的净化效果改善并维护园区河湖水质，满足有机蔬菜灌溉水质要求和园区的水生态、水景观建设需求；通过减少水质净化工艺的处理成本，实现低能耗、低污染、低排放的低碳循环模式。

1. 雨水处理。雨水来源主要是园区大棚、道路和露地菜田收集雨水。已有资料表明：区域收集雨水的污染物主要是悬浮物。因此，雨水预处理主要采用生态化的物化措施。大棚、露地菜田和道路雨水分别经屋顶天沟、田间排水沟收集后，经地面生态滤沟拦截过滤后入河，在入河前经生态砾石井进一步沉淀净化。

生态滤沟是一种线性植被型渠道，兼有贮存和输送地面径流功能。结合园区总体布局，生态滤沟布置在两个大棚中间，断面形式采用梯形结构，底部铺设砾石垫层，两侧坡面种植美人蕉、水葱等湿生植物，通过砾石和植物措施减缓水流，促进悬浮物沉降。

为进一步改善入河雨水水质，在生态滤沟入河前端设置生态砾石井。顺水流方向分为两格，第一格主要用于漂浮物沉淀和清理，第二格为拦截净化井，底部填充砾石，然后设置人工填料，利用生态砾石和填料拦截净化水体中的悬浮物和碎屑。考虑景观需求，设置砾石井出水为淹没出流，管顶高程位于河道常水位以下。

2. 现有渠道补水处理。根据中心河补水泵房位置和园区规划，结合百里渠现状透明度低、NH_3-N、BOD 含量较高的水质特点，考虑采用生态溪流的净化措施。考虑水流调节和净化需求，前段设置预处理池，中心河补水经泵提升后由莲花喷头出水进入预处理池，满足水体富氧和喷泉景观要求。预处理池内部设置砾石填充的生态滤坝，进一步强化对水体悬浮物及污染物的去除，两端设置挡水板实现均匀配水。

生态溪流设在预处理池的后端，是净化的核心区域，底宽 1 米，平均水深控制在 50 厘米左右，两侧设置 1：10~1：30 的自然边坡，溪流前段布置 300 米长的复合湿地系统，配置香蒲、千屈菜、鸢尾、苦草、伊乐藻等沉水、挺水植物，通过吸附过滤、植物吸收、微生物降解等途径来实现对污染物的高效分解与净化；后端设置 200 米长的生态砾石床，模拟天然溪流河床系统，在净化的同时对出水水质进行展示。生态溪流末端设置可调节溢流堰，通过跌水实现增氧并形成小型瀑布，辅以湖区湿地形成景观节点。

第六节　现代农业园区规划技术方案

一、技术方案原则

现代农业生态园区规划的技术方案根据项目区的经济、社会条件、遵循自然、社会和经济系统协调发展的原则，以充分利用当地的自然和人文资源，建立具有鲜明地域特色的生态农业系统为目的，运用生态学的物质循环转化原理、生态位原理、边缘效应原理进行设计。

二、生态环境综合治理技术

重点推广使用现代化“虾稻共作”稻田综合种养模式以及“畜—沼—果”“种—养—沼—能”生态利用模式。对耕地采用生物与农艺措施相结合进行改造，控制土壤侵蚀、提高生物生产量，形成土涵水、水养土、生物生长旺盛的高效利用模式。在农业生产上，推广应用新型高效生态利用模式，把养殖所产生的粪便、人类的生活垃圾及污水通过沼气池发酵，沼气作为能源再利用，沼液浇灌果园、沼渣作为肥料施入农田，从而实现资源高效利用，也优化了生态环境。

三、无公害农产品生产技术

利用项目区土壤、空气、水无污染的优势，引进、推广无公害农产品的生产技术。在改造农田、园地的基础上实施沃土工程，引进、推广平衡施肥技术，秸秆快速催腐返田技术，提高土壤肥力。在生产过程中，实施生态综合防治病虫害工程，采用现代栽培技术，引进防病虫害能力强的农作物品种，推广使用物理、生物防治病虫害技术，推广使用高效生物农药，降低病虫害的危害，同时要引进有毒残留快速检测设备，严格控制农产品的有害残留，提高农产品质量。

四、庭院生态模式建设技术

根据项目的自然、经济条件，结合休闲观光场馆建设，选择庭院生态模式。重点引进立体农业种植技术发展“经济林果—蔬菜—家禽”生态模式；引进推广花卉、水果高效种植技术，发展“经济林果—花卉—养殖业”；引进推广生态养殖技术，发展“养殖业—经济林果”生态模式。

第七节　现代农业园区运行管理机制

现代农业园区健康发展取决于很多因素，运行机制是现代农业园区发展的灵魂。现代农业园区运行机制是现代农业园区所具有的，使系统整体保持正常运行所需要的各种功能的组合、联动和循环，是系统各要素之间相互联系的运行方式。其中资金、技术、人才、土地要素机制，经营管理机制，市场机制等运营好坏直接影响着园区的效益与发展。为使园区形成的系统机制不断适应其自身发展变化的需求，永葆生机活力，更好地推进现代农业园区的发展，这就需要完善运行机制，为实现园区可持续发展奠定良好的基础。

一、完善投融资机制

促进投资主体、投资形式多样化。资金是现代农业园区持续发展的源泉。要改变投资主体单一，资金不足的现状，就要建立和完善灵活的多层次、多元化的投融资机制。广开融资渠道，鼓励多方投资，投资形式要多样化，货币资金、土地、技术、劳动力等都可作为投资。同时，为调动投资积极性，激发投资者投资热情，要明确各投资主体的利益，让投资者有利可图，有钱可赚。政府在政策上也要有所倾斜，给予投资人一定的减免税收、信贷支持等优惠，切实保护投资人合法权益，让投资者看到希望，尝到甜头。

二、完善土地流转机制

保护农民的合法权益的同时，促进土地流转的合法化、秩序化、正常化。现代农业园区建设需要占有大量土地，因此，土地问题成为农业园区建设中一个突出问题，也是实现农业现代化的关键问题。目前，我国在现代农业园区建设实践中探索出了六种形式的土地流转机制。一是区划调整，以田换田。是在地多人少的地区，通过深入细致做思想工作，按照规划，把园区内的农民调整迁移，实现集中成片土地的规模开发，这是土地流转的初级形式，仅涉及土地位置的变动。二是租赁制。农业园区主体向农民以合约形式租赁土地，是土地使用权的一种有偿转让形式，即农民将土地出租给园区经营者，再由园区经营者根据土地的质量等级，付给农民一定的租金。这种形式操作方便，易于实施。三是反租倒包制。是对已经集中的园区土地由园区经营者、管理者将园区分成若干功能小区，再转包给企业农技人员、大户经营。其特点是倒包面积连片，可形成规模化经营。四是划拨制。是由政府通过有偿征地，将整治过的土地划拨给有关部门进行综合开发。一般用于政府建设立项的园区，既可以改善农业生产环境，又可以调动农民的积极性。五是竞标买断。适用于未开发的连片荒滩土地。是由政府出面，对荒滩土地进行招标开发。六是股份制。这是目前土地使用权流转的重要形式之一，农民以土地作价入股，参与园区经营利润的分红。这种形式能够促进农村生产要素与合理流动和优化组合，推动土地适度规模经营发展。

三、完善人才利用和激励机制

科技人才是影响现代农业园区产业发展的重要因素。健全人才利用和激励机制是园区健康持续发展的关键。一是建立人才聚集机制。更新观念，创新思路，营造良好氛围，做到“事业留人、待遇留人、感情留人”。坚持引进与培训提高相结合，努力壮大园区科研队伍，提升科技人员素质。二是完善人才激励机制。强化分配激励制度，推行知识、技术、管理等生产要素参与分配，充分调动科技人员的积极性、主动性和创造性。三是培养现代农业园区内的农业企业家。作为园区核心人物，农业企业家直接关系到园区产业发展速度和水平，这对于现代农业园区发展是非常重要的。

四、完善经营管理机制

用抓工业理念抓农业，用经营企业的方式管理农业。经营管理机制是现代农业园区运行机制的核心。随着现代农业园区的逐步成熟，经营机制企业化是大势所趋。管理现代农业园区要打破传统的小农经营模式，建立一套与现代农业发展相适应的现代经营管理机制，用规范化的现代企业管理制度管理园区。

一是大力培育农业产业化龙头，加速扶强壮大龙头企业，依托龙头企业引领、带动产业发展。尤其是大力发展现代食品加工业。现代食品加工业是现代农业发展的重要标志。要通过市场化运作、社会化筹资的办法，运用现代工业文明的技术成果、生产组织、经营管理和市场化理念，对传统农产品加工业进行改造，完善现代食品加工体系，提升农业和农产品竞争力。进一步优化整合资源，鼓励通过品牌嫁接、资本运作、产业延伸等途径，不断壮大企业规模，大力发展相关产品加工业，形成食品加工业的集群效应。

二是按照市场经济规律，建立与现代农业园区发展相适应的市场运行机制。加快发展现代农业产业，必须跳出农业抓农业，要瞄准市场抓农业，立足本地实际，有针对性解决问题。彰显农业特色优势，严格遵循市场经济规律，充分激发各类市场主体参与和建设的积极性。

第八节　现代农业园区发展建议

一是工程建设中应多听取有关专家的意见和建议。有关论证、设计、监理、施工要紧密配合，对于建设过程中出现的问题，应用科学的方法进行分析、比较、验证。在设计、监理和施工中，吸取国内类似规模的市场建设经验，采用合理、可行、有效的技术手段，确保工程万无一失。

二是加强宣传，营造一种良好的旅游文化氛围。生态农业观光旅游是人通过与人文景观、与自然景观的接触，体验生活的乐趣，它对于消解现代社会由于工作紧张、城市喧嚣所带来的身心疲惫的亚健康状况很有帮助。从这个意义上讲，它是一种十分有效的保健措施。生态农业观光旅游使人乐观、开朗，有助于形成一种积极向上的人生态度。同时，生态农业观光旅游能够开阔人的视野，增长知识与才干；还有助于增添家庭生活乐趣、和睦家庭关系、增强家庭凝聚力等。总之，要把生态农业观光旅游与现代人的生活方式联系在一起，造就一种旅游人生的观念，打造一种良好的旅游文化氛围。

三是提高服务的质量，增强消费者的旅游意识。生态农业观光旅游是一种消费行为，生态农业观光旅游服务质量的好坏直接关系到消费者的生态农业观光旅游满意度与舒适度。服务质量好，消费者的旅游意愿会加强；反之，则会削弱。从这个意义上讲，生态农业观光旅游服务好坏关系到消费者旅游意识的培育，还涉及如何使消费者的旅游意愿转化为旅游消费行为。因为，只有广大民众热心参加旅游活动，生态农业观光旅游业才能得到真正可持续的发展。

第八章　现代农业技术推广概述

第一节　现代农业推广的含义及其特征

一、现代农业推广的含义与特征

农业推广的发展趋势促使人们对“推广”概念有了新的理解，即从狭隘的“农业技术推广”延伸为“涉农传播教育与咨询服务”。这说明，随着农业现代化水平、农民素质以及农村发展水平的提高，农民、农村居民及一般的社会消费者不再满足于生产技术和经营知识的一般指导，更需要得到科技、管理、市场、金融、家政、法律、社会等多方面的信息及咨询服务。因此，早在 1964 年于巴黎举行的一次国际农业会议上，人们就对农业推广进行了如下解释：推广工作可以称为咨询工作，可以解释为非正规的教育，包括提供信息、帮助农民解决问题。1984 年，联合国粮农组织发行的《农业推广》（第 2 版）一书中，也做了这样的解释：推广是一种将有用的信息传递给人们（传播方面），并且帮助他们获得必要的知识、技能和观念来有效地利用这些信息或技术（教育方面）的不断发展的过程。

一般而言，农业推广和咨询服务工作的主要目标是开发人力资本，培育社会资本，使人们能够有效地利用相应的知识、技能和信息促进技术转移，改善生计与生活质量，加强自然资源管理，进而实现国家和家庭粮食安全，增进全民的福利。

通俗来讲，现代农业推广是一项旨在开发人力资源的涉农传播、教育与咨询服务工作。推广人员通过沟通及其他相关方式与方法，组织与教育推广对象，使其增进知识，提高技能，改变观念与态度，从而自觉自愿地改变行为，采用和传播创新，并获得自我组织与决策能力来解决其面临的问题，最终实现培育新型农民、发展农业与农村、增进社会福利的目标。

由此，可进一步延伸和加深对农业推广工作与农业推广人员的理解：农业推广工作是一种特定的传播与沟通工作，农业推广人员是一种职业性的传播与沟通工作者；农业推广工作是一种非正规的校外教育工作，农业推广人员是一种教师；农业推广工作是一种帮助人们分析和解决问题的咨询工作，农业推广人员是一种咨询工作者；农业推广工作是一种协助人们改变行为的工作，农业推广人员是一种行为变革的促进者。关于现代农业推广的新解释，还可以列举很多，每一种解释都从一个或几个侧面体现出了现代农业推广的特征。一般而言，现代农业推广的主要特征可以理解为：推广工作的内容已由狭义的农业技术推广拓展到推广对象生产与生活的综合咨询服务；推广的目标由单纯的增产增收发展到促进推广对象生产的发展与生活的改善；推广的指导理论更强调以沟通为基础的行为改变和问题解决原理；推广的策略方式更重视由下而上的项目参与方式；推广的方法重视以沟通为基础的现代信息传播与教育咨询方法；推广组织形式多元化；推广管理科学化、法制化；推广研究方法更加重视定量方法和实证方法。

二、农业推广学的产生与发展

（一）农业推广学在国外的产生与发展

农业推广学是农业推广实践经验、农业推广研究成果和相关学科有关理论经过较长时间演变与综合的产物。农业推广学的研究活动与研究成果最早出现在美国。不过，早期的研究主要是针对当时农业推广工作中的一些具体问题而进行的，缺少学术性和系统性。从世界范围来看，对农业推广理论与实践问题系统而深入的研究是在第二次世界大战后才开始的。从20世纪40年代末到60年代，农业推广学的研究中不断引进传播学、教育学、社会学、心理学及行为科学等相关学科的理论与概念，对后来农业推广学的理论发展有着重要的影响。这期间的重要著作有：凯尔塞和赫尔合著的《合作推广工作》、路密斯著的《农村社会制度与成人教育》、莱昂伯格著的《新观念与技术的采用》、罗杰斯著的《创新与扩散》、劳达鲍格著的《推广教育学方法》、桑德尔斯著的《合作推广服务》以及哈夫洛克著的《知识的传播利用与计划创新》等。一般认为，桑德尔斯的《合作推广服务》一书可以正式代表农业推广学属于行为科学，这也标志农业推广学的理论体系基本形成。

20世纪70年代以后，农业推广学的理论研究，继续向行为科学、组织科学和管理科学方向深入发展，而且经济学，特别是计量经济学、技术经济学、市场营销学也不断渗入到农业推广学的研究之中，这使农民采用行为分析以及推广活动的组织管理与技术经济评价方面有了新的突破，农业推广问题的定量研究和实证研究也不断得到加强。20世纪70年代的主要著作有：莫荷著的《农业推广：社会学评价》、博伊斯和伊文森合著的《农业推广项目比较研究案例》、贝内特著的《推广项目效果分析》、吉尔特劳和波茨合著的《农业传播学》以及莫谢著的《农业推广导论》等。

20世纪80年代以来，农业推广学的理论研究进展极快，形成了空前盛大的百家争鸣的学术风气。人们更注重从农业推广与农村发展的关系来研究农业推广学的理论与实践问题，研究方法上也更加注重定量研究和实证研究，研究活动与研究成果从过去以美国为主逐步转向以欧美为主，世界各地广泛可见的新局面。20世纪80年代以来，世界农业推广理论研究的主要著作有：克劳奇和查马拉合著的《推广教育与农村发展》、贝诺和巴克斯特合著的《培训与访问推广》、斯旺森等编著的《农业推广》（第2版）、琼斯主编的《农村推广投资的战略与目标》、阿尔布列希特等著的《农业推广》、范登班和霍金斯合著的《农业推广》、罗林著的《推广学》、布莱克伯主编的《推广理论与实践》、阿德西卡尔雅编著的《战略推广战役》、勒维斯著的《农村创新传播学》、范登班和霍金斯合著的《亚洲国家农业推广角色的变化》、斯旺森著的《全球农业推广与咨询服务操作规范研究》。在长期的学术研究中，国际农业推广学界形成了若干流派，当代影响较大的学派主要有德国（霍恩海姆）学派、荷兰（瓦赫宁根）学派和美国学派等。德国霍恩海姆大学早在1950年就成立了农业推广咨询学院（后来名称不断拓展），通过莱茵瓦尔德、阿尔布列希特、霍夫曼等教授的努力，霍恩海姆大学的农业推广咨询早在20世纪80~90年代就在推广咨询、传播沟通组织管理、农村社会与应用心理学等领域闻名于世了。荷兰（瓦赫宁根）学派的主要代表人物是范登班、罗林、勒维斯等教授，主要研究领域集中在农业推广原理、农业知识系统和农村创新传播等方面。美国学派的主要代表人物是伊利诺伊大学的斯旺森教授，他在很多国际农业推广手册的编写、促进农业推广知识的传播以及国际农业推广合作方面功不可没。除此之外，欧美各国以及亚洲、非洲众多的农业推广专家都为推广理论的发展做出了贡献。与此同时，世界上许多国家在很多大学里都设立了农业推广系，开设农业推广专业的系列课程，即使在属于发展中国家的印度、孟加拉国、巴基斯坦、泰国以及非洲的很多国家，也能看到农业推广体系比较普遍，这无疑推动了农业推广学科的发展、推广学知识的传播和农业推广专业人才的培养。

（二）中国的农业推广学研究

我国对农业推广理论与实践的研究在20世纪30年代和40年代就已开始。早在1933年唐启宇著有《近百年来中国农业之进步》，其中对农业推广相关的问题特别是农业教育问题做了很多论述。1935年由金陵大学农学院章之汶、李醒愚合著的《农业推广》，是我国第一本比较完整的农业推广教科书。1939年农产促进委员会出版《农业推广通讯》，不断报道国内外农业推广信息与工作经验。这种从民国时期发展起来的农业推广后来对中国台湾地区的农业推广研究产生了深远的影响。从某种意义上讲，中国台湾地区的农业推广一直受着美国农业推广的影响，因而农业推广学的研究也大体上与美国相似。台湾大学设有农业推广学系，著名社会学家杨懋春1960年任首任系主任，长期以来为台湾地区培养了大量的农业推广专业人才，为台湾地区的农业发展与社会进步做出了巨大的贡献。台湾大学农业推广学研究所编有《农业推广学报》，台湾地区的“中国农业推广学会”每年都选编有《农业推广文汇》，农业推广学的研究成果颇丰。主要著作有：1971年陈霖苍编著的《农业推广教育导论》、1975年吴聪贤著的《农业推广学》、1988年吴聪贤著的《农业推广学原理》、1991年萧昆杉著的《农业推广理念》以及1992年前后吕学仪召集编著的《农业推广工作手册》。

在我国大陆，农业推广学的发展以及农业推广专业人才的培养经历了曲折的历程。由于20世纪50年代以后，人们只重视农业技术推广工作，因此，农业推广学的研究甚少，农业院校也不开设农业推广学课程。20世纪80年代后，农村改革不断深入，人们重新认识到农业推广的重要性，因而不断开展农业推广研究工作。一些农业院校从1984年起相继开设农业推广学课程。中国农业大学（原北京农业大学）于1988年设置农业推广专业专科，并且和德国霍恩海姆大学合作培养了我国最早从事农村发展与推广研究的两名博士研究生。1993年将农业推广专业专科升为本科，同年，在经济管理学院成立了农村发展与推广系。1998年，成立10年的农业推广专业被取消，农村发展与推广系和综合农业发展中心合并成立农村发展学院，鉴于实践中急需的农业推广专业人才极其短缺，1999年，在众多农业推广专家的建议下，国家决定招收和培养农业推广硕士专业学位研究生，通过15年，培养了数以万计的高层次农业推广的复合型、应用型人才，为我国的农业现代化建设、农村发展和生态文明建设提供了重要的人才智力支持。2014年7月，“农业推广硕士”被改为“农业硕士”。至此，我国大陆本科生和研究生培养中都无农业推广专业，这与世界很多国家大学里农业推广系的发展形成了鲜明的对比。在中国，一方面，人们普遍认识到农业推广的重要性，全国有大量的人员从事农业推广工作，科研项目立项和科研资源分配很多也集中在农业推广领域；另一方面，农业推广专业人才培养一直跟不上推广事业发展的需要。有些人错误地认为农业推广门槛低，什么人都可以加入，甚至很多人既没系统地学过推广理论知识，也无推广实践经验，更没从事过推广研究，也来给大学生甚至研究生开设推广课程，最后只会误导学科的发展。加之少数不懂学科发展的教育行政人员在少数不负责任者的建议下不断对农业推广专业进行随意撤销，这些都会对推广事业的发展和人才培养产生负面的影响。

2012年，为贯彻落实中央一号文件和《国家中长期人才发展规划纲要（2010—2020年）》精神，加强农技推广人才队伍建设，提升科技服务能力，农业农村部决定组织实施万名农技推广骨干人才培养计划，每年在全国各地针对不同行业较大规模地举办农技推广骨干人才培训班，这在一定程度上缓和了农业推广人才短缺的局面。尽管农业推广专业的高等教育几经波折，但是由于中国农村发展实践的迫切需要，加之广大学者和实践工作者的不懈努力，农业推广学科发展、科学研究和农业推广学课程教学一直没有间断，农业推广学研究成果层出不穷，在国内外产生了重要的影响。自1987年出版《农业推广教育概论》以来，农业推广研究成果在全国范围内不断产生。仅中国农业大学就先后主持完成了国家博士点基金项目“农业推广理论与方法的研究应用”、国家教委留学回国人员科研项目“中国农业推广发展的理论模式与运行机制研究”、中华农业科教基金项目“高等农业院校农业推广专业本科人才培养方案、课程体系、教学内容改革的研究”、农业农村部软科学研究项目“农业推广投资政策研究”、国家自然科学基金项目“农业推广投资的总量、结构与效益研究”、国家社会科学基金项目“农业技术创新模式及其相关制度研究”、国家软科学计划项目“基层农业科技创新与推广体系建设研究”、国家自然科学基金项目“合作农业推广中组织间的邻近性与组织聚合研究”等重要项目。出版了《农业推广教育概论》（北京农业大学出版社，1987）、《农业推广学》（北京农业大学出版社，1989）、《推广学》（北京农业大学出版社，1991）、《农业推广》（北京农业大学出版社，1993）、《农业推广模式研究》（北京农业大学出版社，1994）、《农业推广学》（中国农业科技出版社，1996）、《现代农业推广学》（中国科学技术出版社，1997）、《推广经济学》（中国农业大学出版社，2001）、《农业推广组织创新研究》（社会科学文献出版社，2009）、《合作农业推广组织中的邻近性与组织聚合》（中国农业大学出版社，2016）、《现代农业推广学》（高等教育出版社，2016）等一系列重要的专著、译著和教材。目前有关农业推广研究的专著、译著和教材多达数十部。自从教育部在全国推行普通高等教育规划教材后，农业推广领域第一部普通高等教育国家级规划教材《农业推广学》于2003年由中国农业大学出版社出版，本书已经是修订后的第4版。2008年，出版了我国第一部用于农业推广硕士专业学位研究生教学的教材《农业推广理论与实践》；同年，在进行第一手调研的基础上出版了我国第一部《农业推广学案例》，2014年第2版发行。这一系列的工作与成果反映了我们在农业推广研究领域，经历了从了解与引进国外农业推广理论与经验，到全面、系统、客观地比较、评价国内外农业推广实践模式，再到建立我们自己的、对我国实践具有指导价值的理论体系、提出我们自己的专业人才培养与教育改革方案以及解决我国农业推广实践中的重大问题的过程。同时表明，近50年来，农业推广一直是我国学术界、政治界和商界关注的一个重要领域，农业推广学研究在中国大陆进入了新的历史时期。

第二节　农业推广的主要社会功能

一、农业推广的社会功能和作用

农业技术推广的社会功能主要概括为：培养新型农民，保证农产品的供应；增进农业的产业化，实现农村经济发展，使农民收入提高；在满足社会需求的同时维护社会和生态的稳定，推动农业向可持续和多功能方向发展。

农业推广的作用主要体现在发展和加大力度解放农村生产力。对农业技术进行推广，还要组织、教育农民等从多方面提高农民生产生活质量，多渠道增加农民收入。立足于农村、农民，切实为农民利益着想，构建农村社会教育环境。

（一）有利于建立新的关系，促进和谐关系

人员的详细过去的社会是一个基于私有制的社会。在伦理观调控主要是私人业主的主要私人利益之间的关系，私营部门和个人之间的关系，因为私人利益相关者之间的这个系统。在社会主义社会，建立公有制，道德主要是规范这个新的关系，那就是与社会主义建设者之间的关系的根本利益，是个人与个人的关系，或与人民群众的一部分国家，企业和人民之间的关系。

（二）促进各行各业的发展，促进社会主义

社会主义物质文明以公有制为主体，道德利益的维护，虽然有私营业主的利益的一小部分，但是，与社会的整体利益是直接相关的。

（三）推动新的道德观念、道德品质的传播

提高整个社会，以服务群众为社会主义道德的核心，是一种新的道德观。然而，作为一种新的道德观不为人民服务自发地出现在人们的心中。为了使这个新的道德在人们的心中牢牢地和蓬勃发展，它必须是一个长远的指导、教育、培训的过程。为此，政府的道德教育给予了极大的重视和指导。在一定意义上，这是一种道德革命。

二、农业推广的主要功能

农业推广的功能可以从不同的视角来理解。例如，从推广教育的视角，可以分为个体功能和社会功能，前者是在推广教育活动内部发生的，也称为推广教育的本体功能或固有功能，指教育对人的发展功能，也就是对个体身心发展产生作用和影响的能力，这是教育的本质体现；后者是推广教育的本体功能在社会结构中的衍生，是推广教育的派生功能，指教育对社会发展的影响和作用，特别是指对社会政治、经济、科技与文化等多方面产生的作用和影响的能力。

从前面对现代农业推广含义与特征的描述可知，农业推广工作仅就传播知识与信息、培养个人领导才能与团体行动能力等若干方面，足以对提高农村人口素质与科技进步水平从而推动农村发展、增进社会福利产生极其重要的影响。农业推广工作以人为对象，通过改变个人能力、行为与条件来改进社会事物与环境。因此，在实践中，农业推广的功能可以更通俗地分为直接功能和间接功能两类。直接功能具有促成推广对象改变个人知识、技能、态度、行为及自我组织与决策能力的作用；而间接功能是通过直接功能的表现成果再显示出来的推广功能，或者说是农业推广工作通过改变推广对象自身的状况而进一步改变推广对象社会经济环境的功能，因此，间接功能依不同农业推广工作任务

以及不同农业推广模式而有所差异。下面详细阐述各项直接功能的意义。

（一）直接功能

1. 增进推广对象的基本知识与信息

农业推广工作旨在开发人力资源。知识和信息的传播为推广对象提供了良好的非正式校外教育机会，这在某种意义上就是把大学带给了人民大众。

2. 提高务农人员的生产技术水平

这是传统农业推广的主要功能。通过传播和教育过程，农业技术创新得到扩散，农村劳动力的农业生产技术和经营管理水平得到提高，从而增强了农民的职业工作能力，使农民能够随着现代科学技术的发展而获得满意的农业生产或经营成果。

3. 提高推广对象的生活技能

农业推广工作内容还涉及家庭生活咨询。通过教育和传播方法，农业推广工作可针对农村老年人、妇女、青少年等不同对象提供相应的咨询服务，从而提高农村居民适应社会变革以及现代生活的能力。

4. 改变推广对象的价值观念、态度和行为

农业推广工作通过行为层面的改变而使人的行为发生改变。农业推广教育，咨询活动引导农村居民学习现代社会的价值观念、态度和行为方式，这使农民在观念上也能适应现代社会生活的变迁。

5. 增强推广对象的自我组织与决策能力

农业推广工作要运用参与式原理激发推广对象自主、自力与自助。通过传播信息与组织、教育、咨询等活动，推广对象在面临各项问题时，能有效地选择行动方案，从而缓和或解决问题。推广对象参与农业推广计划的制订、实施和评价，必然会提高其组织与决策能力。

（二）间接功能

1. 促进农业科技成果转化

农业推广工作具有传播农业技术创新的作用。农业科技成果只有被用户采用后才有可能转化为现实的生产力，对经济增长起到促进作用。在农业技术创新及科技进步系统中，农业技术推广是一个极其重要的环节。

2. 提高农业生产与经营效率

农业推广工作具有提高农业综合发展水平的作用。农民在改变知识、信息、技能和资源条件以后，可以提高农业生产的投入产出效率。一般认为，农业发展包括的主要因素有研究、教育、推广、供应、生产市场及政府干预等，农业推广是农业发展的促进因素，是改变农业生产力的重要途径。

3. 改善农村社区生活环境及生活质量

农业推广工作具有提高农村综合发展水平的作用。在综合农村发展活动中，通过教育传播和咨询等工作方式，可改变农村人口对生活环境及质量的认识和期望水平，进而引起人们参与社区改善活动，发展农村文化娱乐事业和完善各项基础服务设施，以获得更高水平的农村环境景观和生活质量，同时促进社会公平与民主意识的形成。

4. 优化农业与农村生态条件

农业推广工作具有促进农村可持续发展的作用。通过农业推广工作，可以改变农业生产者乃至整个农村居民对农业生态的认识，使其了解农业对生态环境所产生的影响，树立科学的环境生态观念，实现人口、经济、社会、资源和环境的协调发展，既达到发展经济的目的，又保护人类赖以生存的自然资源和环境，使子孙后代能够永续发展和安居乐业。

5. 促进农村组织发展

农业推广工作具有发展社会意识、领导才能及社会行动的效果。通过不同的工作方式，推广人员可以协助农民形成各种自主性团体与组织，凝聚农民的资源和力量，发挥农民的组织影响力。

6. 执行国家的农业计划、方针与政策

农业推广工作具有传递服务的作用。在很多国家和地区，农业推广工作系统是农业行政体系一个部分，因而在某种意义上是政府手臂的延伸，通常被用来执行政府的部分农业或农村发展计划、方针与政策，以保障国家农业或农村发展目标的实现。

7. 增进全民福利

农业推广工作的服务对象极其广泛，通过教育与传播手段普及涉农知识、技术与信息，可以实现用知识替代资源，以福利增进为导向的发展目标。

三、农业技术推广中存在的问题

（一）技术推广体系存在诸多弊端

技术推广体系相对落后，技术人员偏老龄化，知识结构不合理。部门之间的职责划分不清楚，缺少有效的考核和激励机制等，使农技人员不能积极主动地投入工作中。此外，大部分农民由于文化素质偏低，对于现代农业技术不能很好地掌握与理解，严重制约了农业现代化的进一步发展。

（二）缺乏自主创新意识

科研部门的相关人员缺乏创新理念，推广机构的相关设备也相对落后，评价和考核等制度不完善。农业企业、专业合作组织对科技研发缺少自觉性，自主创新能力比较薄弱，尚处在起步阶段。

（三）农业科技缺少新型人才

人才资源匮乏，缺少复合型、管理型人才，现代农业生物技术等学科领域的人才非常短缺，有些农业单位已经好几年没有招收进技术人员。在农业生产中，很少有经过专业技能培训的人员，而一些刚从院校毕业的技术人员不能很好地胜任工作，只一味照搬书本，不会实践，无法在农户的心目中树立威信，在一定程度上制约了推广工作的进行。

（四）农业科技资金投入力度不够

近些年来，虽然已经增加了农业科技的资金投入，但是总额仍然偏小，相关政策很难落实到位等问题依然存在，致使一些业务工作难以开展。此外，农业企业普遍依赖政府支持，缺乏自主科技投入的意识。地方政府没有对落后的农村基础设施及时进行建设，导致病虫害、旱涝灾害给农田带来危害。由此可以看出，充足的资金支持对农业发展有着重要的作用。

四、加强农业技术推广的相应措施

（一）完善农技推广体系，重视现代农业推广人才的培养

对基层农业推广体系进一步深化改革，各级农技部门必须清楚自己的职责，制定实施责任制，使农技人员等充分发挥其指导、规划等方面的才能，形成有效的农业科技服务体系。对于可行性项目要加大资金投入力度，设立专项推广和科研项目经费，积极开展技术、成人等教育培训模式，提高农民的科学文化素质。制定农业科技产业发展的相关规定以及法律、法规，加强监管力度，使农技推广工作得以顺利地发展。

（二）以农业主导产业为中心，明确农技推广方向

以农业主导产业为出发点，农技推广要注重品种的选育、研发的新技术、生产无公害农产品等方面，重点必须放在保障粮食的安全性上，对农产品质量和安全、农作物病虫害以及畜禽疫病等方面知识的攻关上面。

（三）积极推动农业向多方面发展

积极开发农业的相关产业，例如农产品的深加工、储藏、运输等方面的产业，推动农业结构不断地优化，并积极发展多种形态的产业，立足于自身的发展优势，建立起自己的品牌，有效地促进经济效益增长。通过培训、指导农业的各项专业技能，以及电视、网络等多种信息传播方式，让农户能够及时获取农业政策、新的市场行情等诸多有效信息，让农业科技成果的转化和推广能够真正落到实处，促使农业各相关产业得到显著提升。

（四）拓宽农业投资渠道，改善农技推广的相关条件

加强对资金的投入力度，拓宽资金来源渠道。财政部门要加大农技推广和基础设施

建设资金的比重，并进一步加强对资金的监管力度，使之真正落实到位，对于农业机械设备要进行积极推广，并给予一定的购置补贴，促进农机设备水平提高，使农业生产效率随之提升，从而把农机推广向蔬菜、畜牧等方向有计划性地逐步延伸。随着市场经济的不断发展与进步，在以往的家庭联产承包责任制的基础上积极地创新，建立并不断完善土地流转的方式、内容和经营体制，让农户和合作组织能够确立起互惠互利的双赢经济机制，让土地和劳动力资源能够更加充分有效地利用起来。

我国作为人口和农业大国，粮食生产是重中之重，而要想稳固农业生产使其健康持续地发展，就必须重视科技对现代农业生产的重要作用，不断地提高农业的技术含量，进一步做好农业技术推广工作，切实发挥其对现代农业的推动作用。

第三节　农业推广的基本方法

一、农业推广方法的类型与特点

农业推广方法是指农业推广人员与推广对象之间沟通的技术。农业推广的具体方法很多，其分类方式也很多。根据受众的多少及信息传播方式的不同，可将农业推广基本方法分为个别指导方法、集体指导方法和大众传播方法三大类型。

（一）个别指导方法

个别指导方法是指在特定时间和地点，推广人员和个别推广对象沟通，讨论共同关心的问题，并向其提供相关信息和建议的推广方法。个别指导法的主要特点是：一是针对性强。农业推广目标群体中各成员的需要具有明显的差异性，推广人员与农民进行直接面对面的沟通，帮助农民解决问题，具有很强的针对性。从这个意义上讲，个别指导法正好弥补了大众传播法和集体指导法的不足。二是沟通的双向性。推广人员与农民沟通是直接的和双向的。它既有利于推广人员直接得到反馈信息，了解真实情况，掌握第一手材料，又能促使农民主动地接触推广人员，主动接受推广人员的建议，容易使两者培养相互信任的感情，建立和谐的农业推广关系。三是信息发送量的有限性。个别指导法是推广人员与农民面对面的沟通，特定时间内服务范围窄，单位时间内发送的信息量受到限制，成本高、工作效率较低。在农业推广实践中，个别指导方法主要采用农户访问、办公室访问、信函咨询、电话咨询、网络咨询等形式。

1. 农户访问

农户访问是指农业推广人员深入特定农户家中或者田间地头，与农民进行沟通，了解其生产与生活现状及需要和问题，传递农业创新信息、分析和解决问题的过程。

农户访问的优点在于推广人员可以从农户那里获得直接的原始资料；与农民建立友谊，保持良好的公共关系；容易促使农户采纳新技术；有利于培育示范户及各种义务领导人员；有利于提高其他推广方法的效果。其缺点在于费时，投入经费多，若推广人员数量有限，则不能满足多数农户的需求；访问的时间有时与农民的休息时间有冲突。

农户访问是农业推广人员与农民沟通、建立良好关系的好机会。针对其成本较高的特点，为了提高效率，访问活动过程中，必须认真考虑，掌握其要领。

（1）访问对象的选择。农户访问是个别指导的重要方式，但是因为农户访问需要农业推广人员付出较多的精力和时间，因此不是对所有的农户都经常进行访问的。农户访问的主要对象有以下几种：①示范户、专业户、农民专业合作组织领办人等骨干农户。②主动邀请访问的农户。③社区精英。④有特殊需要的农户。

（2）访问时间的选择。现在几乎所有的农户都有电话或手机等通信工具，在入户访问前都要与农民约定时间。在约定时间时，要考虑农民的时间安排和推广技术的要求。与生产、经营推广有关的专题农户访问要安排在实施之前，或生产中的问题出现之前。如果是了解农户生产经营或生活中遇到的问题，为将来的推广做准备的，最好安排在农闲时节。另外，访问时间也要与农民的生活协调好，应在农民有空且不太累的时候进行访问。

（3）访问前的准备工作。访问前的准备工作主要包括：①明确访问的目标和任务。②了解被访问者基本情况。③准备好访问提纲。④准备好推广用的技术资料或产品，例如说明书、技术流程图、试用品等。

（4）访问过程中的技巧和要领。

①进门。推广人员要十分礼貌、友好地进入农户家里。进门坐下后，就要通俗易懂地说明自己的来意，使推广人员与农户之间此次的互动，从“面对面”的交谈，很快转化为共同面对某一问题的“肩并肩”的有目标的沟通。

②营造谈话气氛。在谈话的开始和整个过程中都要营造融洽的谈话气氛，这需要推广人员考虑周全：采用合适的谈话方式；运用合适的身体语言；注意倾听。

③启发和引导讨论。在谈话过程中，推广人员应适时地引入应该讨论的话题，通过引申、追问等方式，将需要沟通的内容进行讨论。

④现场指导。和农民一起观察圈舍、田地或机械，向农民询问生产过程或长势、长相，及时和农民讨论生产过程中的问题，若能当时给出建议的就马上给出并写出建议，若需要再咨询的也向农民说明。

（5）访问后的总结与回顾。每次访问农户时，不但要在访问中做好适当的记录，而且在农户访问结束后，还应就一些关键性的数据和结论进行当面核实，以消除误差，尤其是数据，更应这样。回到办公室后，应立即整理资料建库，以保证资料完整和便于系统保存。此外，做好每日回顾。写出访问工作小结也是必要的，记录和小结包括访问的时间、内容以及需要解决的问题，每日回顾应按一定的分类方式保存，成为今后工作的基础。

2. 办公室访问

办公室访问又称为办公室咨询或定点咨询。它是指推广人员在办公室接受农民或其他推广对象的访问（咨询），解答其提出的问题，或向其提供有关信息和技术资料的推广方法。办公室访问的优点：一是来访者学习的主动性较强；二是推广人员节约了时间、资金，与来访者交谈，密切了双方的关系。办公室访问的缺点：主要是来访者数量有限，不利于新技术迅速推广，而且来访者来访不定期、不定时，提出的问题千差万别，可能会给推广人员的工作带来一定的难度。

来访者来办公室访问（咨询）总是带着问题而来，他们期望推广人员能给自己一个满意的答复。因此，搞好办公室访问除对在办公室进行咨询的推广人员素质要求较高外，还应该注意其对要领的掌握。

（1）方便来访者咨询的办公室。

什么样的办公室是适合给农民或其他特定来访者来咨询的呢？第一，是来访者方便来的，例如在城镇的集市附近，交通便利的地方。第二，是来访者来了方便进的，大楼不要太高，装修不要太豪华，保安不要太严厉。第三，是进来找得到人的，若是找不到人也可以留言的或留话的。

（2）办公室咨询的准备。农业推广人员的办公室是推广人员与来访者交流的场所，要让来访者能进、能放松、能信任、能咨询。因此，办公室咨询前要做些必要的准备：①办公室设施布置要适当。②推广人员在与来访者约好的咨询时间、赶集日、来访者可能来的其他时间，要尽可能地在办公室等待。若是不得不离开，要委托同事帮忙接待或在门口留言。③准备好必要的推广资料。

（3）办公室咨询过程中的注意事项。

①平等地与来访者交流。要关心来访者，尊重来访者，要营造良好的沟通氛围。要主动询问来访者有什么需要帮助的，要主动帮助来访者表达清楚他们的意愿。

②咨询过程尽可能可视化。要让来访者看得见讲解的东西。墙上的图片、资料页的信息、计算机上的信息等，都可以用来呈现推广人员和来访者沟通过程中的知识或技术要点。

③为来访者准备资料备份。在咨询过程中所发生的信息交流，尤其是技术流程、技术要点、关键信息等，要为来访者变成纸上的信息。可以在边讲解边讨论后，为来访者打印出一份资料，用彩笔在其上画出要点。也可以为来访者手写一份咨询信息的主要内容，帮助来访者回去还能够回忆起咨询的内容，从而帮助他们应用这些信息。在这个备份上最好留下推广人员的联系电话，让来访者能够随时咨询你，也能让来访者感受到被尊重。

④尽可能给来访者满意的答复。来访者进入办公室咨询，往往都是带着问题来的，这对推广人员有更高的要求，推广人员的业务熟练程度、与人沟通的能力都影响办公室咨询的效果。一次办公室咨询应尽可能地给来访者满意的答复，找到解决问题的方法。

但是，推广人员毕竟也有专业、知识面和经验的限制，也有不能当场解决的问题。这种情况下，推广人员应诚恳地向来访者解释目前不能解决的原因，承诺自己将要如何寻求解决方案，约定在什么时间、通过什么方式把答案回馈给来访者。

⑤做好咨询记录和小结。每天发生的咨询过程都要做好记录，记录的信息包括来访者的姓名、性别、社区，咨询的问题，解决方案等。这些基本信息的收集和积累，可以帮助推广工作者积累经验，积累来访者的信息，积累生产经营中发生问题的种类和频度，以提高推广工作的针对性和准确性。

3. 信函咨询

信函咨询是个别指导法的一种极其经典的形式，是以发送信函的形式传播信息，它不受时间、地点等的限制。信函咨询曾经是推广人员和农民沟通的重要渠道。这些信函，尤其是手写的信函对于农民来说，不仅是一份与技术有关的信息，而且是与推广人员亲密关系的表征。农民对这些认真写的信函会有尊重的心理，因而也有较好的推广效果。

信函咨询目前在我国应用较少。其原因主要有以下几点：①农民文化程度低；②农业推广人员回复信件要占用许多时间，效率低；③函件邮寄时间长：信函咨询成本变得越来越高。随着农业生产的多样化和产业化，每个推广人员要面对的推广对象更多，手写信函几乎成为不可能，而印刷信函不太能够得到农民重视，印刷信函也不太有针对性。另外，随着电视、电话和网络的普及，乡村邮路变得越来越被边缘化。

4. 电话咨询

利用电话进行技术咨询，是一种及时、快速、高效的沟通方式，在通信事业发达的国家或地区应用较早而且广泛。但使用电话咨询也受到一些条件限制，一是电话费用高；二是受环境限制，只能通过声音来沟通，不能面对面的接触。但随着通信技术和网络技术的发展，运用电话不但可以进行语音咨询，而且也可以通过手机短信和手机彩信咨询。

5. 网络咨询

网络咨询不仅可以促成个人与确定个人通过网络的联系（如电子邮件、在线咨询），而且可以进行个人和不确定个人的在线咨询，例如通过网络发布求助信息，可以获得别人的帮助。不同地区不同类型的农业生产经营者，在年龄、文化程度、接受新事物的能力上都有很大差异，接触和使用网络的情况也是相当不同的。然而，总的发展趋势是网络将越来越成为农业推广的重要渠道。

（二）集体指导方法

集体指导方法又称为群体指导法或团体指导法，它是指推广人员在同一时间、同一空间内，对具有相同或类似需要与问题的多个目标群体成员进行指导和传播信息的方法。运用这种方法的关键在于研究和组织适当的群体，即分组。一般而言，对成员间具有共同需要与利益的群体适合进行集体指导。

集体指导法的主要特点是：指导对象较多，推广效率较高。集体指导法是一项小群体活动，一次活动涉及目标群体成员相对较多，推广者可以在较短时间内把信息传递给预定的目标群体，易于双向沟通，信息反馈及时。推广人员和目标群体成员可以面对面地沟通。这样在沟通过程中若存在什么问题，可得到及时的反馈，以便推广人员采取相应的方式，使农民真正学习和掌握所推广的农业创新，共同问题易于解决。集体指导法的指导内容一般是针对目标群体内大多数人共同关心的问题进行指导或讨论，对目标群体内某些或个别人的一些特殊要求则无法及时满足。

集体指导方法的形式很多，常见的有短期培训、小组讨论、方法示范、成果示范、实地参观和农民田间学校等。

1. 短期培训

短期培训是针对农业生产和农村发展的实际需要对推广对象进行的短时间脱产学习，一般包括实用技术培训、农业基础知识培训、就业培训、社区发展培训等。要提高农业推广短期培训的效果，关键是要做好培训前的准备工作以及在培训过程中选好、用好具体的培训方法。

（1）培训前的准备工作。在培训之前，需要设定培训目标、了解培训对象、确定培训内容、准备培训资料、安排培训地点、确定培训时间与具体计划。

（2）培训过程中培训方法的选择。选择培训方法的出发点是使培训有效而且有趣。培训的方法有很多，在农业推广培训过程中，经常使用的有讲授、小组讨论、提问、案例分析、角色扮演等。

2. 小组讨论

小组讨论可以作为短期培训的基本方法之一，也可以单独作为农业推广的方法使用。

小组讨论是由小组成员就共同关心的问题进行讨论，以寻找解决问题方案的一种方法。小组讨论可以促进相互学习，加深小组成员对所面临的问题和解决方案的理解，促进组员合作，使组员产生归属感。这种方法的好处在于能让参加者积极主动参与讨论，同时可以倾听多方的意见，从而提高自己分析问题的能力。不足之处是费时、工作成本较高，效果往往在很大程度上取决于讨论的主题和主持人的水平。如果人数太多，效果也不一定理想。

（1）小组的形成。在开展农业推广的小组讨论时，小组的构成会影响到讨论的效果。在形成小组时，要考虑人群本身的特点和讨论问题的性质，考虑小组的人数、性别构成、年龄构成等。一般而言，小组的人数在6~15人较为合适。人数太少，难以形成足够的信息和观点，而且容易出现冷场；人数太多，难以保证每个人都能参与讨论。人数较多时，可以将参加的人群分为几个小组，避免出现语言霸权以及部分人被边缘化的情况。

（2）小组内的分工。为了提高小组讨论的效率，小组内部的成员需要分工。小组讨论可以在整个推广活动或者培训过程中多次进行，小组成员在培训期间轮换担任：①

小组召集人，负责组织这次小组讨论，鼓励人人参与，避免个别人的“话语霸权”。②记录员，负责记录小组每一个人的发言。应准确地记录每个观点，不要因为自己的喜好多记录或少记录，以免造成信息丢失。③汇报员，负责代表本组汇报讨论结果，汇报时注意语言精练、概括，不要出现“照本宣科”。

（3）做到有效的讨论。为了做到有效的讨论，需要集中论题，相互启发，注意倾听与思考，同时要重视讨论后的汇报。

（4）小组讨论的场景设置。好的小组讨论不但需要一个适当的时间，而且需要一个适当的空间。安全的、放松的、平等交流的环境，需要从空间布局、座位设置、讨论氛围等各个方面来形成。围着圆桌面坐的设置是小组讨论的最好布局。圆桌周围的人，没有上位与下位的区别，也没有人特别近或特别远，容易形成平等的感受。圆桌还有助于人们把自己的身体大部分隐藏在圆桌下面，避免因为暴露和不自信而带来紧张感。圆桌周围的人相互都能对视或交流目光，容易形成融洽的气氛。圆桌还能让部分爱写写画画的成员写下他们的想法，或者把某个讨论的主要问题写成较大的字放置在圆桌中间让大家都能看见。圆桌周围只能坐一圈层讨论者，如果人数较多时，可以把凳子或椅子稍向外拉，扩大直径，就多坐几个人。任何时候，只要坐到第二圈层，这个参与者就已经开始被边缘化了，如果没有圆桌，在农户的院子或者其他较大的房屋里，也可以设置椅子圈，这时还要给记录员一个可以写字的小桌子。

3. 方法示范

方法示范是推广人员把某项新方法通过亲自操作进行展示，并指导农民亲自实践、在干中学的过程。农业推广人员通过具体程序、操作范例，使农民直接感知所要学习的技术的结构、顺序和要领。适合用方法示范来推广的，往往是能够明显改进生产或生活效果、仅靠语言和文字不易传递的可操作性技术。例如，果树嫁接技术、家政新方法等。方法示范容易引起农民的兴趣，激发农民学习的积极性。在使用方法示范时，需要注意如下事项：

（1）做好示范前的准备。在示范活动的准备阶段，要根据示范的任务、技术特点，学员情况来安排示范内容、次数、重点，同时准备好必要的工具、材料及宣传资料等。

（2）保证操作过程正确、规范。如果示范不正确，可能导致模仿错误和理解偏差。因此，要求农业推广人员每次示范都要操作正确、熟练、规范，便于农民观察、思考和模仿。

（3）注意示范的位置和方向。在方法示范时，不同的观察者站的位置不同，他们所看到的示范者的侧面是不同的，他们获得的信息自然也有差别。因此，在进行方法示范时，要尽可能地让所有参与者都能看到示范者及其动作的全部，示范者可以改变自己身体的朝向，来重复同一个示范动作，这样所有的人都可以看到示范的完整面貌。

（4）示范要与讲解相结合，与学员的练习相结合。示范与讲解相结合，能使直观呈现的示范与学员自己的思维结合起来，收到更好的效果。尤其是在一些特别的难点和重要的环节，示范者可以用缓慢的语言，较大的声量重复描述要领，或者编一些打油诗、顺口溜来帮助学员记住和掌握要领。让学员动手练习，鼓励互相示范，可以提高学员学习的信心，同时有助于他们发现将来可能在他们手中出现的问题。

（5）掌握示范人数。一次示范的人数，应该控制在20人以内。超过20人，就有可能站在圈层的第二层甚至更远，站在远处的学员，可能发生注意力的转移，甚至使示范流于形式。

4. 成果示范

成果示范是指农业推广人员指导农户把经当地试验取得成功的新品种、新技术等，按照技术规程要求加以应用，将其优越性和最终成果展示出来，以引起他人的兴趣并鼓励他们仿效的过程。适用于成果示范的通常是一些周期较长、效益显著的新品种、新设施和新技术以及社区建设的新模式等。成果示范可以起到激发农民的作用，避免“耳听为虚”，落实“眼见为实”，真正体现出新技术、新品种、新方法的优越性，引起农民的注意。

成果示范的基本方式通常有农业科技示范园区示范、特色农业科技园区示范基地示范、农业科技示范户示范等。成果示范的基本要求是：经过适应性试验，技术成熟可靠；示范成果的创新程度适宜，成本效益适当；有精干的技术人员指导和优秀的科技示范户参与；示范点要便于参观，布局要考虑辐射范围。

（三）大众传播方法

农业推广中的大众传播方法是指农业推广人员将有关农业信息，经过选择、加工和整理，通过大众传播媒介传递给农业推广对象的方法。大众传播媒介的种类很多，传统上主要分为两大类，即印刷类和电子类。结合农业推广的特点，农业推广中的大众传播媒介可以分为纸质媒介、电子媒介和网络媒介三大类型。大众传播方法具有权威性强、信息内容宽泛、传播速度快，单位成本低，信息传播的单向性等基本特点。

1. 农业推广中大众传播方法的主要应用范围

大众传播方法可以广泛地应用于农业推广的各个领域，包括技术推广、家政推广、经营服务和信息服务等。

从现阶段农业推广实践成果看，大众传播方法的主要应用范围是：介绍农业新技术、新产品和新成果，介绍新的生活方式，让广大农民认识新事物的存在及基本特点，引起他们的注意和激发他们的兴趣；传播具有普遍指导意义的有关信息（包括家政和农业技术信息）；发布市场行情、天气预报、病虫害预报、自然灾害警报等时效性较强的信息，并提出应采取的具体防范措施；针对多数推广对象共同关心的生产与生活问题提供咨询服务；宣传有关农村政策与法规；介绍推广成功的经验，以扩大影响力。

2. 农业推广中大众传播媒介的主要类型

（1）纸质媒介。纸质媒介是以纸质材料为载体、以印刷（包括手写）为记录手段而产生的一种信息媒介，即主要利用纸质印刷品进行信息传播的媒介。农业推广中，经典的纸质媒介可以分为单独阅读型纸质媒介和共同阅读型纸质媒介两类。

单独阅读型纸质媒介包括正式出版的书籍（如教材、技术手册、技术推广丛书等）、各种培训资料、期刊以及明白纸、传单、说明书等。

共同阅读型纸质媒介，指在公众场合使用的一类文字、图画等信息传递工具。共同阅读的纸质媒介也不一定是印刷在纸面上的，也可以写在黑板上，或者贴在白板上。这一类媒体最好设置在村委会外面的公示栏里，或者集贸市场的墙上、公交车站等人群或人流量较多的地方。

（2）电子媒介。电子媒介是指运用电子技术、电子技术设备及其产品进行信息传播的媒介。在农业推户中，电子媒介主要是听觉媒介和听视觉兼备的电视媒介。此外，手机在一定意义上讲也可列入此类。

（3）网络媒介。网络媒介是以电信设施为传输渠道、以多媒体电脑为收发工具、依靠网络技术连接起来的复合型媒介。从某种意义上讲，网络媒介既是大众传播媒介，又是人际传播或组织传播媒介。

网络媒介具有时效性强、针对性强和交互性强的特点，日益成为农业推广极其重要的渠道。

二、农业推广方法的选择与应用

通过前面的阐述不难发现，每种农业推广方法都有自己的特点，包括优点和缺点。农业推广是推广人员与推广对象沟通的过程，沟通的效果与沟通内容和方法的选用具有密切的相关关系。因此，在特定的农业推广场合，应该注意合理选择和综合运用多种农业推广方法。具体而言，在选择和运用农业推广方法时，至少需要考虑以下几个方面。

（一）考虑农业推广要实现的功能与目标

农业推广的基本功能，是增进推广对象的基本知识与信息，提高其生产与生活技能，改变其价值观念、态度和行为，提高其自我组织和决策能力。任何农业推广方法的选择和使用，都要有助于这些功能以及具体目标的实现。在农业推广实践中，每个特定的农业推广项目可能只涵盖一种或几种农业推广功能与目标。也就是说，每一次具体的农业推广工作要达到的目的会有所侧重，而每种农业推广法都有不同的效果，因此要使选择的方法与推广的功能与目标相匹配。

（二）考虑所推广的创新本身的特点

在农业推广实践中，应当针对所传播的某项创新的特点，选用适当的推广方法。例如，对可试验性及可观察性强的创新，应用成果示范的方法就比较好；对于兼容性较差的技术创新项目，就应当先考虑能否综合运用小组讨论、培训、访问、大众传播等方法使人们增进知识、改变观念。在农业技术推广中尤其要考虑技术的复杂性。对于简单易学的技术，通过课堂讲授和方法示范，就能使推广对象能够完全理解和掌握；而对于复杂难懂的技术，则要综合使用多种方法，如农户访问、现场参观、放映录像、技能培训等，以刺激推广对象各种感官，实现学习、理解和掌握技术的目的。

（三）考虑创新在不同采用阶段的特点

推广对象在采用某项创新的不同阶段，会表现出不同的心理和行为特征，因此，在不同的采用阶段，应选择不同的农业推广方法。一般而言，在认识阶段，应用大众传播方法比较有效。最常用的方法是通过广播、电视、报纸等大众媒介，以及成果示范、报告会、现场参观等活动，使越来越多的人了解和认识创新。在兴趣阶段，除了运用大众传播方法和成果示范外，还要通过家庭访问、小组讨论和报告会等方式，帮助推广对象详细了解创新的情况，解除其思想疑虑，增加其兴趣和信心。到评价阶段，应通过成果示范、经验介绍、小组讨论等方法，帮助推广对象了解采用的可行性及预期效果等，还要针对不同推广对象的具体条件进行分析指导，帮助其做出决策和规划。进入试验阶段，推广对象需要对试用创新的个别指导，应尽可能为其提供已有的试验技术，准备好试验田、组织参观并加强巡回指导，鼓励和帮助推广对象避免试验失误，以取得预期的试验结果。最后的采用阶段是推广对象大规模采用创新的过程，这时要继续进行技术指导，并指导推广对象总结经验，提高技术水平。同时，还要尽量帮助推广对象获得生产物资及资金等经营条件以及可能产品销售信息，以便稳步地扩大采用规模。

农业推广对象个体间存在多重差别，如年龄、性别、文化程度、生产技能、价值观等。这决定了推广对象具有不同的素质和接受新知识、新技术、新信息的能力。因此，在开展农业推广活动时要考虑推广对象的特点，适当选择和应用推广方法。进一步讲，基于采用者的创新性，可把采用者分为创新先驱者、早期采用者、早期多数后期多数和落后者 5 种类型，相应的推广方法也应当有所不同。研究表明，对较早采用者而言，大众传播方法比人际沟通方法更重要；对较晚采用者而言，人际沟通方法比大众传播方法更重要。一般而言，创新先驱者采用创新时，在其社会系统里找不出具有此项创新经验的其他成员，对后来采用创新的人不必过多地依赖大众传播渠道，是因为到他们决定采用创新时，社会系统里已经积累了比较丰富的创新采用经验·他们可以通过人际沟通渠道从较早采用创新的人那里获得有关的信息。人际沟通对较早采用者相对而言不那么重要的另一种解释是：较早采用者尤其是创新先驱者一般富于冒险精神，因此大众媒介信息刺激足以驱使他们做出采用的决定。推广研究还表明：较早采用者比较晚采用者更多地利用来自其社会系统外部的信息。这主要是因为较早采用者比较晚采用者更具有世界主义的特征。创新通常是从系统外部引入的，较早采用者更倾向于依靠外部沟通渠道，他们同时为较晚采用者开辟了人际沟通渠道和内部沟通渠道。

（四）考虑推广机构自身的条件

推广机构自身的资源条件，包括推广人员的数量和素质，推广设备的先进与否，推广经费的多少等都直接影响推广机构开展工作的方式方法和效果。经济发达地区的推广机构一般有较充足的推广经费和较先进的推广设备，应用大众传播推广手段较多；而经济欠发达地区的推广机构则限于财力和物力等条件，主要应用个别指导方法和要求不高的集体指导方法。目前，在推广人员数量普遍不足的情况下，电信和网络等现代化的推广方式无疑是一种不错的选择，但是相应的服务能力和条件也要跟上才行。

第四节　农业推广方式

一、教育式农业推广

教育式农业推广运用信息传播、人力资源开发，资源传递服务等方式，促使农民自愿改变其知识结构和行为技巧，帮助农民提高决策能力和经营能力，从而提高农业和乡村的公共效用和福利水平。教育式推广服务以人为导向，以人力资源开发为目标，注重培养农民在不同情况下应对和解决问题的能力。

目前，按照提供教育服务机构的不同，可以将教育分成三类：正式教育、非正式教育和自我教育。非正式教育又称为成人教育或继续教育，农业推广一般属于非正式教育。教育式农业推广与一般推广工作具有一定差别。从工作目标上来说，考虑到政府承担着对农村居民进行成人教育的责任，因此教育式农业推广的工作目标首先就是教育性的。从教育形式和内容上说，教育式推广组织的推广计划是以成人教育的形式表现的，教育内容以知识性技术为主。鉴于教育式农业推广工作与大学和科研机构的功能相似，都是要将专业研究成果与信息传播给社会大众以供其学习和使用。因而，教育式农业推广中的绝大部分知识是来自学校内的农业研究成果，而且教育式农业推广组织通常就是农业教育机构的一部分或是其附属单位。

（一）教育式农业推广的优点

教育式农业推广的本质在于通过组织农业推广活动达到开发农民人力资源的目的，其工作方法灵活多样。在农业推广过程中，人们可以将多种教育式方法与农业推广工作相结合，利用各类灵活的教育式手段，如成人教育、大学推广、社区发展、乡农学校与乡村建设等，帮助农业推广工作顺利进行。教育式农业推广凭借长期以来的人力资源开发训练，能够使农民具备独立生存的技能，并将农民培养成拥有自主决策能力的经营主体，从而自发性地、根本地带动农业发展。也就是说，通过教育式农业推广开发农民人力资源的立意，是将农民视为一个独立完整的经营个体，培养农民的经营能力，创造其为自己谋利的最佳条件，从而能够长久而稳固地奠定农民生存和经营的基础。同时，在这个推广过程中，高校、科研机构与农村之间能够实现优势互补和成果共享，因此，教育式农业推广不仅使农民获益，而且对于推广过程中的各参与主体都有很大帮助。

（二）教育式农业推广的局限性

尽管教育式农业推广内涵丰富，对于农民、农业的高效和可持续发展具有重要意义，但也有一定的局限性。

首先，改变过程漫长而艰辛。相比行政式农业推广的强制性和权威性力量、服务式推广的内在激励机制，教育式农业推广在短期内不易有立竿见影之效，而农民的生计问题却是紧急而迫切的，因此，怎样平衡好短期与长期的关系对于教育式农业推广来说是一个重大挑战。

其次，推广人员的能力素质和资源配置水平有待提高。教育式农业推广方式的实施离不开高素质的推广人员，然而实践中，推广人员的教学能力和资源配备水平参差不齐，不同目标群体的教育需求也存在较大差异，这都使得教育式农业推广工作在实施过程中困难重重。此外。我国的农业推广工作中对于高等农业院校不够重视，这在很大程度上是对高校的农业推广资源的浪费。而目前的大学推广组织体系建设也存在诸多问题，突出问题是农业推广责任主体不明确，机构设置混乱，多头管理和无人管理现象严重，许多院校将教学单位等同于推广单位，影响了推广工作的顺利开展。值得注意的是，美国大学的农业推广教育作为农业推广教育的典范，受到其他国家的争相模仿，但这些国家在仿效过程中往往遭到批评，成功的案例并不多见。对此，有学者提出，应用美国农业推广教育模式需要具备五项基本条件：完整而适用的技术；能有效地判别乡村地区和家庭的变迁差异；对于乡村生活和民众的真实信心和重视；足够的资讯资源；农业推广能影响研究方向和内容。这充分说明了美国农业推广教育制度的特色不仅在于集研究教学和推广于大学内部的有效运作，而且还在于在推广教育中密切关注社会环境的变化和需求，并将其作为确定其战略发展方向的依据。

最后，社会对教育式农业推广工作的功能期望越来越大。第一，从推广对象的范围来看，农业推广的对象范围在不断扩大。在日本和中国台湾省的农业推广教育中，都越来越把消费者纳入被推广的对象范围内，也就是说，将农业推广的对象从农民扩大到所有消费者。第二，教育式农业推广的功能也扩大了，学者现在越来越倾向于认为教育式推广具有三大功能：教育性功能，培养农民经营农场和处理事务的能力；社会性功能，培养优秀公民，引导乡村居民参与公共事务和增进农民福利；经济性功能，降低生产成本，提高农业生产率，促进农业发展，提高农民收入。但从目前的情况来看，当前的教育式农业推广工作还难以胜任农民和消费者对其的要求。

二、行政式农业推广

行政式农业推广是指政府推广部门利用行政手段开展的农业推广，是政府运用行政和立法权威实施政策的活动。行政式农业推广工作是农业推广人员或农业行政人员结合法律法规和行政命令，让农户了解并实施有关农业资源使用和农产品价格保护措施，从而实现农业发展目标的过程。

从全球来看，农业推广功能与政府的农业施政有着密切的关系，尤其是对于发展中国家来说，农业发展是整个国民经济的基础，粮食是重要食物，农业部门内部就业较多，政府有足够的内在激励重视农业发展。而采用行政式农业推广能够有效规范农业生产行为，实现农业发展的各项目标，进而更好地进行宏观调控。因此，绝大多数国家的政府部门都在本国的农业推广活动中起主导作用，并对各级农业推广机构的活动进行直接干预。在20世纪90年代以前，绝大多数国家的农业推广经费和推广服务供给几乎完全是由政府推广机构承担，形成了以政府推广机构为主导的模式占多数的状况。其突出特点是，推广体系隶属政府农业部门，由农业部门下属的推广机构负责组织管理和实施相应级别的农业推广工作。

（一）行政式农业推广的优点

由于行政式农业推广大多由政府主导，因此其在资源利用、执行力度和宏观调控等方面具有其他方式无法比拟的优势，具体可以表现为以下几个方面：首先，行政式农业推广的内容是经过严格的专家论证的，往往比较权威和可靠，并且自上而下的行政推广措施比较有力，能够有效保障推广内容的实施；政府拥有充足的推广资源和资金支持，能够运用政府力量干预农业生产活动，保证农业推广过程的连续性。例如，我国在基层大规模设置各级推广机构，可以将政府干预的触角延伸到几乎所有地区，这种高效的组织布局是其他私人组织和民办机构所难以做到的。最后，行政式农业推广由政府制定规划，与国家总体的经济状况和宏观计划联系密切，这在很大程度上有利于国家的宏观调控。事实上，很多时候基层农业推广人员和农民很难制订出有效的农业推广方案，而自上而下的行政式农业推广往往能够高效达到既定目标，行政式农业推广的强制性往往能减轻一些诸如自然灾害等不可抗力的影响，有效地实现推广目标，促进农业发展。

（二）行政式农业推广的局限性

行政式农业推广因其行政特点，一方面拥有其他推广方式无法比拟的优势；但另一方面也因为受工作方式、推广内容、资金条件等客观因素的限制，从而具有一定的局限性。

从工作方式上看，行政式农业推广是行政命令式的自上而下的推广模式，这种单向传递模式常常采用“输血式”推广方式，容易导致目标群体对政府推广部门的依赖性，削弱他们自身的潜力，不利于发挥目标群体的主观能动性和生产积极性，最终导致事倍功半。

从推广内容来看，推广计划、项目决策等是由中央政府及相关行政部门自上而下制定和实施的，较少考虑不同地区的自然和社会经济条件差异以及目标群体的特定需要等问题，往往不能做到因时制宜、因地制宜，从而导致推广内容与农业发展需求脱节。此外，在行政式农业推广过程中，由于广大的农业技术采用者只能被动服从，因而推广过程中参与主体的积极性不够高，影响了整个推广工作的效率。

从资金条件来看，行政式农业推广对资金的要求很高，而农业推广资金不足一直被放在农业推广问题的突出位置。各级政府对农业推广的经费投入相对较少，经费问题使我国的农业推广发展缓慢。农业推广资金不足直接导致了农业推广的不稳定性增加，比如，由于缺乏经费，农业推广人员为维持生计，不能全身心地投入农业推广工作，阻碍了农业推广工作的开展。自 20 世纪 90 年代以来，世界上农业推广改革的一个主流趋势是政府逐渐缩减对农业推广的投资。然而，许多发展中国家逐渐降低公共财政赤字的政策导致了对农业推广投资的限制，阻碍了有偿服务机制的引入。

随着我国市场机制的建立，农民对市场信息的需求更加强烈，这意味着政府将从生产资料投入品的供应市场营销以及农产品生产等经济活动中退出。目前，我国的农业推广体系正处于转轨阶段，面临诸多比较严重的问题，特别是基层农业推广体系在组织管理、人员结构、项目管理、推广方法、经费投入等方面的问题，这些都直接制约着农业科技成果的推广和转化。

三、服务式农业推广

服务式农业推广方式是应用最为广泛的一种推广方式，主要是推广人员为农户提供相应的农业技术、知识、信息以及生产资料服务，故也称为提供式农业推广。服务式推广背后的基本逻辑是，农业推广即农业咨询工作，推广的目的是协助和促使农民改变其行为方式以解决其面临的问题，推广方法是沟通和对话，与推广对象之间的关系是自愿、互相合作或伙伴关系，农业推广工作便是推广人员给农民或者农场提供咨询服务。推广服务包括收费推广服务和免费推广服务。服务式农业推广也可以粗略分为两种：一种是咨询式农业推广；另一种是契约式农业推广。

咨询式农业推广中，信息需求者主动向信息拥有者提出要求，农民就其农场或市场需要等方面存在的问题向专业机构申请咨询。信息供应者应具备非常丰富的信息、知识和实践技术。此类咨询工作不一定要收费，尤其是政府农业部门提供的技术服务很可能是免费的。收费服务则更多集中在农民或者农场的特定需求上，比如管理咨询、设施管理服务、专业技术服务等，需要这类服务的主体往往农业发展已经很成熟或者特定产业已经较为发达，这时，咨询式推广服务活动多由私人咨询公司或者非政府组织开展，政府或者农会组织与这些私人公司或者非政府组织签订合同，并承担全部或者部分农业推广经费，推广活动的管理由政府相关部门负责。

契约式推广服务源于契约农业，通常表现为企业与农户签订订单，契约式农业推广的目的在于提高契约双方的经济收入，其过程主要为纯粹的生产输入与输出。按照契约规定，在多数情况下，由企业负责组织安排农产品生产，农民有义务接受企业的建议与技术操作规程，使用特定的品种和其他农资，并有权要求企业提供技术服务、产品处理和价格保障等。订单中规定的农产品收购数量、质量和最低保护价，使双方享有相应的权利、义务，并对双方都具有约束力。契约式推广服务使农民在生产过程中能够享受企业提供的技术或者商业服务，既有利于保证农产品的产量或者质量，也有利于双方经济利益的共同实现。契约式推广服务突出表现为产量或者质量的基本保障，因此，该推广服务可视为一种促进农民采用创新技术的策略工具。契约式推广服务在国际上较为普遍，许多公共部门的资金支持计划都意在培育一些私营部门或者独立服务提供者来提供农业咨询或商业服务。在我国的契约式农业推广实践中，农业合作组织和企业是最主要的角色。在有企业参与的契约式农业推广方式中，农户根据自身或所在地农村组织的条件同企业进行农产品或者农资方面的合作。企业根据契约为农户提供生产和市场流通方面的服务，工作主体以企业设置的农业推广机构为主，工作目标是增加企业的经济利益，服务对象是其产品的消费者或原料的提供者，主要侧重于专业化农场和农民，最终实现契约主体双赢的局面。农业合作组织在契约式农业推广中扮演重要角色。由于企业的趋利本性，目前，世界上很少看到纯粹以企业为主导的推广模式，而作为一种半商业性质的实体组织，农业合作组织既满足了农业推广的公共属性，又能使推广活动适应市场化的运作环境，农业合作组织能有效地组织农民学习科技、应用科技，提高规模化生产经营能力，增强市场竞争力和抗风险能力，成为市场机制下一种潜力巨大的农业技术推广中介机构，是一种适应契约式农业推广发展要求的民营组织。

1. 服务式农业推广的优点

（1）相比其他推广方式，服务式农业推广方式适用范围更广。无论推广服务主体的服务条件和能力如何，也不管目标群体的接受能力、需求强度或标准高低，只要对相应的服务项目进行有效管理，在一定程度上都能获得满意的推广效果即可。

（2）服务式农业推广的服务内容更加综合。不管是咨询式农业推广服务还是契约式农业推广服务，服务内容往往都比较综合。因此，服务式推广方式认为，要想提高农业生产效率，仅有技术和信息扩散是不够的，还要将其制成资源和材料，通过市场流通提供给用户使用。这样，用户才能方便地获取综合性推广服务，进而获得立竿见影的增产效果。

（3）契约式农业推广有利于提高各经济主体的创新能力。契约式农业推广引进竞争机制，淡化行政干涉，因此在农业推广过程中各经济主体的创新能力均得到有效提高。同时，农业合作组织参与到农业推广过程中后，能打破现有的农业推广部门与政府挂钩的局面，通过资源重组，逐渐形成更具活力的独立农业推广企业。此外，契约式农业推广还能够有效缓解财政压力，改变直接拨款的财政分配体制。

2. 服务式农业推广的局限性

（1）服务主体与服务对象之间可能存在利益冲突。尽管服务式推广尤其是契约式农业推广有助于向不同的农民团体提供范围更广的服务，但也可能产生服务主体与服务对象间的利益冲突问题。比如企业可能会为了宣传某种产品而向农民和农业组织提供虚假或夸大的信息，对此，农民和农民组织很难辨别。大部分企业也很少考虑他们的行为，比如诱导农民过度使用农药、化肥等可能对环境造成的负面影响。

（2）缺乏对目标群体需要与问题的关注。不论是咨询式服务还是契约式农业推广服务，均是以物为导向，强调生产资源、物质材料等对提高生产率的作用，但缺乏对目标群体需要与问题的关注。针对特定的用户，常常是先入为主地为其提供生产信息和资源材料，任其采用。

（3）实践中，契约产销也是相当具有争议性的。契约产销可能减少了农民面对的市场价格风险，但却增加了契约的风险与不确定性。在某些特定的情况下，契约产销有可能使农产品的买方借此增加操控市场的力量，例如，通过契约产销阻止其他买家进入市场或是趁机压低现货市场的价格。另外，农民教育水平普遍较低、缺乏有效监管（包括环境监管等）、农民与企业之间的信息不对称等因素都会限制契约式农业推广的发展。

第五节　参与式农业推广

一、概念与内涵

（一）概念

参与式农业推广是指包括农业推广相关人员与农民在内的所有参与主体所进行的广泛的社会互动，能够实现在认知、态度、观念、信仰、能力等层面的相互影响，并通过有计划地动员、组织、协调、咨询等活动，实现农村自然、社会、人力资源开发等方面的系统管理的一种工作方式。参与式农业推广以农民需求为导向，同国家的宏观发展联系紧密。提倡将自下而上的推广途径和自上而下的推广途径相结合，在推广项目的选择、设计、实施以及监测评估中，农户都参与其中。参与式农业推广的原则包括：平等参与、团队工作、集体行动、重视乡土知识和人才、重视非技术因素以及关注社区异质性等。

推广服务的理念是：以人为本，提倡赋权，以技术和组织创新为重点，重视人的能力建设。在参与式农业推广中，参与的各方，包括政府、农业创新机构、推广机构和农民是协同的，是积极的和主动的，农业推广人员与农民之间是一种平等的合作伙伴关系，因而整个推广过程是一项基于平等合作伙伴关系的互动式、参与式的发展活动。

（二）内涵

参与式农业推广中的“参与”这一概念是目标群体在发展过程中的知情权、表达权、决策权、收益权和监督权的集中表达，表示的是一整套把“参与”这一理念融入发展干预过程中的发展战略和方法体系，核心概念即为“赋权（empower）”，赋权不仅体现在赋予目标群体知情权、表达权、决策权、收益权和监督权等，而且更重要的是强调通过参与式推广的过程能够建立一套可操作的、规范的、可持续的制度规则，如参与式规划、参与式监测评估等，从而保证目标群体能够实质性拥有其本应拥有的发展权利和平等的发展机会。赋权的目标就嵌入在预置程序和方法等技术手段之中，只要发展干预过程能真正按照设定的程序和方法实现目标群体的参与，赋权的目标就一定能够实现。

参与式推广的核心是赋权，是指真正赋予参与者解决问题的决策能力和权利。真正的参与意味着参与者主动去行动，即社区群众共同讨论面对的困难或问题，发现解决问题的途径和方法，分享自己的生活、生产经验，并最终做出决策，共同承担风险。参与式推广过程的关键是能力建设，就是使目标群体的分析能力、决策能力、综合能力得到培养和发展，使开展的项目活动满足各种利益相关者的需求，从而能够得到广泛支持，最终使当地的传统知识、技能和经验得到充分利用。可以看出，参与式推广的赋权是对参与、决策、开展发展活动全过程的权力再分配，增进社区和居民在发展活动中的发言权和决策权。例如，政府和援助机构赋予社区权力，社区内部赋予弱势群体权利。

参与式推广在方式选择上也会结合农民实际情况，运用更加适宜的培训方式，并不断提高农民的参与能力，致力于将其培养成有文化、懂技术、会经营的新型农民。需要注意的是，农业技术推广“最后一公里”的重要主体——农民和基层推广人员，长期处于弱势地位，而参与式农业推广有利于保证他们充分表达自己的意愿和意见，充分参与到农业推广过程中。总之，在参与式推广中，从具体的自然、经济状况的分析到推广项目的选择、从推广方案的设计到实施计划的制订和监测，乃至最后推广项目效果的评估，都是参与各方平等参与、对话协商的结果。

二、基本特点

参与式农业推广方式与传统农业推广相比，在推广目标和内容、推广主体参与方式、推广过程以及监测评估等方面有较大的差异，其基本特点如下。

（一）推广内容丰富

在推广目标与内容方面，传统农业推广的核心目标和内容是进行生产技术指导，提高农产品产量进而提高农民收入，较少涉及其他领域。而参与式农业推广更强调赋权，在增加农民收入的同时，有更加丰富的内涵。参与式农业推广在提供生产技术指导的同时注重与农业生产和生活有关的技术和信息，推广目标还包括追求农业的高水平可持续发展。

因此，参与式农业推广将农业推广工作的目标由单纯提高技术、产量和收入这些数量指标，向提高经济效益、社会效益和生态效益等综合效益转移，并强调促进农业生产的发展与农民生活的改善。推广内容所涉及的领域除农业生产外，还包括农民需要的其他诸如社会、市场、信贷、法律和文化等生产、生活领域，重视在农村社会市场经济发展的基础上对人力资源的开发，注重提高农民的综合素质，包括科学文化素质、思想道德水平以及生产生活观念等思想价值层面的转变。

（二）主体参与程度高

传统农业推广方式中的参与主体在输出与接受技术服务时只能机械地完成培训内容，且以政府行政命令为主导。农民参与度不高，基层推广人员常常吃力不讨好，因此，各参与主体均缺乏积极性，导致整体推广效果不佳。参与式农业推广则注重参与主体的有效参与，推动推广部门与推广对象之间的良性互动，进而有效地改善农业推广的效果。

参与式农业推广以农民的需要为基础，注重农业推广相关人员和农民的交流互动；强调各个参与主体全程参与推广的各个环节。当然，参与式农业推广并不否认政府的作用，而是为政府推广部门、农业相关创新机构和农民这些参与主体建设起一个以参与式发展为特征的共同参与平台。在这个平台上，相关科研机构、推广机构和社区农民代表都可以依据自身的特点来扮演不同的角色。参与式农业推广的讨论机制不再依靠政府的权力和命令，而是依赖各方平等参与的对话磋商机制，让利益相关方共同参与到推广项目中。参与式推广的科研人员不再是高高在上的专家，而是更加接地气的技术顾问。他们不仅仅关注实验室里诞生的某项技术和某个成果，还重视农业、农村、农民发展所面临的实际困难和发展需要，他们可以协助农民获取外部信息，帮助农民选择和实施相关推广项目，引导农民进行思考农业、农村的发展。

（三）重视推广过程

参与式推广彻底改变传统自上面下的工作方法，在工作理念和工作方式等方面完成从命令式向参与式的转变，推广工作主体逐渐形成“以人为本”的理念，成为参与式农业推广的宏观引导者、公共服务提供者和实施的保障者。在推广过程中，传统农业推广看重立竿见影的结果，如容易量化的生产率、产量等显性指标。而参与式农业推广不只看重结果，更加重视各主体参与推广的过程，包括推广项目的启动、规划、实施、监测及评估这些具体过程。各主体在全程参与的过程中能够相互交流和学习，积累宝贵的经验，最终实现农业推广目标，进而实现农村高效可持续发展的目标。

（四）监测评估方式新颖

参与式推广中的监测与评估过程实际上是一个参与式的学习和改进过程。这个过程的参与者不仅包括项目的管理人员，而且包括项目的受益群体，即受益人成为项目的监测与评估者。在监测与评估项目产生的自然的、经济的和社会的变化中，注重所有相关群体的参与，尤其是当地人的参与。因此，参与式监测与评估是在“外来者”的协助下由受益人参与的监测与评估过程。监测与评估过程强调平等协商，尊重不同角色群体的认知，态度差异，以实现受益主体的最大意愿，达到受益成员共享项目成果以及项目成效可持续为目标。

三、基本程序

参与式农业推广的基本过程包括项目准备、问题确认、方案制订、结果评价、信息反馈及成果扩散等阶段。每个阶段都具有特定的制作内容和活动预期，都是参与式农业推广理念的实践活动。

（一）项目准备

项目准备阶段包括建设核心团队、收集资料和制订工作计划三个部分。核心团队建设是参与式推广工作的基础，建立分工合理、权责明确、氛围融洽的团队对项目的顺利进行具有非常重要的作用。同时，团队还需要具有多学科、跨学科特征，这样才能在面对复杂问题时进行全面综合的考虑。例如，在运用参与式乡村评估法（PRA）时，需要就当地的社会经济基础、农业资源优势与劣势、农业经营现状与可能的发展方向等进行全面深入的调查评估，这就需要由农业行政部门、农业专家推广机构和农民代表等组成多方参与的核心团队。核心团队需要通过一定的专业训练和培训，培训内容包括项目背景、项目所在地背景、PRA方法培训以及调查内容的讨论，包括访问提纲、索取资料提纲、调查问卷等。

在形成核心工作团队之后就要开始收集资料，需要收集的资料通常包括项目相关领域的已有研究、相关报告、新闻报道、历史档案、政策法规等。这样可以通过分析资料来了解已有研究进展，并明确接下来进展的大体方向，同时能够更全面地把握项目实际操作中可能出现的各项问题。此外，为保证项目推广过程的顺利进行，明确的工作计划也必不可少，包括整个推广阶段的长期宏观计划和短期的实地工作计划。

此外，需要注意的是，参与式农业推广特别重视各个主体的共同参与。因此，为了更好地在实地开展工作，有必要进行社会动员。通过社会动员发动各个主体，使大家明确即将开展的项目与自己的关系和自己在项目开展过程中所扮演的角色，激发不同群体的参与热情。在社会动员阶段的任务目标包括取得相关利益群体的信任并建立合作伙伴关系、启动发展需求以及激发社区主动参与的积极性。具体实践中，可以尽可能多地创造信息交流的时间和相互来往的空间。比如，邀请具有专业知识的人做简洁的发言，以引发大家的讨论；或请有经验的主持人来主持会议并鼓励各参与主体清楚地表达自己的目的并建立主体间的共识，也可以采用组织非正式的会议和小群体的会议等方式。具体来说，可以在农民家里聚会，一起讨论事务等。

（二）问题确认

科研人员、推广人员及农民均可参与其中，集思广益，进行精准有效的问题分析。这一过程还需要分析所收集的已有研究及政策法规，结合推广地区因地制宜，选择真正满足农业推广对象实际需要的科技成果或推广项目。

问题确认的具体过程包括：基本情况调查、问题识别、目标转化和目标分析、深入问题分析等内容。

1. 社区基本情况调查

在拟推广地区采用实地观察、二手资料收集、知情人访谈等方法，从社会、经济、文化、发展等角度了解社区，为下面确认的问题提供分析的背景资料。

2. 问题识别

所谓问题，是指当事人现在状况与发展预期之间的差距，并用负面语言进行的描述。问题识别主要采用知情人访谈和小组访谈等方法开展参与性社区问题分析。具体步骤包括：问题征集、问题归类、问题树构建、问题筛选。在问题征集的过程中，对主持人的能力要求较高，既要善于引导，使发言者能够表达自我，又要能够有效地控制局面，使讨论有序进行，这就需要主持人具备较强的沟通技能、领导才干以及其他参与式方法需要应用的技能。否则可能会因为控制不好局面而使大家陷入问题的海洋难于自拔。需要注意的是，即使团队已经有明确的调研问题，也可以通过这个环节从不同利益群体视角重新进行问题确认和问题分析。

3. 目标转化和目标分析

一个问题是现在的某一点，而目标是某一问题得到解决后将来能够实现的状况。中间是项目要开展的活动，即项目手段。目标转化实际上是把问题树中对问题的负面描述转化为正面的目标描述。目标分析是指在现有资源条件下就实现目标的可能性而开展的分析。目标转化和分析的步骤是：所有的问题陈述转化为正面的目标陈述；按问题树的结构构建目标树；检验自下而上“手段—结果”的逻辑关系；目标筛选和优选。目标筛选是人为将项目难以控制的目标排除；优选是就筛选后的目标进行问题分析的过程。目标筛选和优选的目的是减少干扰因素，提高工作效率。为了提高社区人员的参与性，可以选择社区人熟悉的事务进行问题树和目标树的介绍。

4. 深入问题分析

深入问题分析是就项目开展的领域，从不同角度、不同学科和制度框架进行深入地因果分析过程。在问题分析过程中，应以平等的心态阐述自己的看法和理解，来实现对问题的深入理解和分析，这不仅为后面将要形成的项目目标体系建立一个问题框架基础，同时为参与者提供了一个讨论他们所面临问题的机会。为了提高在问题识别阶段工作的效率，也可以将不同的要素如问题、现状、拟定的解决办法和问题的重要性排序等用一个逻辑框架进行分析，以加强不同要素之间的系统性、逻辑性。

（三）方案制订

在项目准备工作安排妥当并确认农业推广项目所要解决的问题后，核心团队可针对该问题分析问题产生的内外因和主次要矛盾，从各个层面征集解决问题的方案。然后比较各个方案所具备的优势、劣势、机遇与风险，提出备选推广项目及相应的推广方案，并广泛听取当地广大农民的意见，开展项目可行性论证。

在方案制订和选优的过程中，应从自然与社会基础、资源利用与潜力挖掘、项目的技术线路与关键技术、项目投资、经济效益、环境生态效益与社会效益等方面，进行系统综合、深入细致的分析，以保障推广项目具有技术上的先进性、关键技术的准确可靠性、推广实施过程的可操作性和项目与技术的当地适应性。以有利于乡村经济又好又快发展和可持续发展为原则，在尊重当地农民意愿的基础上，通过沟通与协调，按照综合权衡筛选出风险最低，最能有效利用政策、市场、科技成果及发挥自身潜力的有前途的方案。

为严格保障项目的可行性、可靠性和地方适应性，参与式农业推广的一般程序是先试验后推广。先进行小面积的实验，可以使项目进一步完善和优化，并让当地农民了解和掌握项目的相关技术、实施过程与实施要领，所以，它兼具试验和示范的双重性质。

在参与式农业推广的过程中，会在不同层次上应用科学的试验示范方法以及实施推广方案。因此，在实施过程中，农民与推广人员需要积极与科研人员沟通，不断优化实施方案，直至实现最佳的科技成果效能与示范效果。在试验示范阶段，各参与主体需要进行群体之间的信息交流和活动计划调整，以保证项目的顺利进行。

（四）结果评价

在农业推广不同阶段，针对试验示范过程中出现的不同问题，科研人员、农业推广工作者和推广对象一起对项目执行结果作出合理有效的评估，而不再是传统的评估者与参与者严重分离，评估程序复杂漫长，评估结果滞后的评价方式。农业推广工作者一定程度上的自我评估和即时分享，通过赋权当地农民，激发农民的创造性行动，这样可以多方位地就产生的问题展开积极的沟通，找到解决问题的有效途径，从而进一步优化实施方案。

（五）信息反馈与成果扩散

项目完成以后，科研人员、农业推广工作者和推广对象对项目进行全面的评估，总结经验与不足，形成书面资料，为后期的项目执行提供可靠的参考依据。同时，把科技成果的实施效果、推广中发现的问题等及时有效地反馈给成果研发部门，帮助他们进一步优化科技成果，并将成功的经验和科技成果扩散出去，形成良性循环。

从以上参与式推广的操作过程中可以发现，参与式农业推广所要解决的核心问题是由农村社区自己定义、分析和解决的，推广项目的受益者则是参与成员本身，由此，各参与者都能积极参加项目的全过程。当然，我们所说的参与者包含那些没有权势的群体，那些受压迫的、贫穷的和边缘的群体。参与的过程可从首先利用并扩大自己的资源，过渡到为最终独立发展提供条件。研究人员在研究过程中应该以参与者、协调者和学习者的姿态出现，而非高高在上的专家学者。把社区看成一个有共同特征的整体，在社区内进行能力和资源的建设，让社区成员参与整个研究过程，为了大家的共同利益，将知识传播和行动结合起来，同时促进公平性，促进共同学习和赋权。这是一个循环往复的过程，最终把知识和结果传递给所有参与者。

四、决策方法

（一）访谈法

采用参与式方法进行工作时，参与式农业推广的主体首先应该熟悉社区，尤其要学会从农民的视角理解社区和社区的问题，以提高工作的目的性和有效性。因此，访谈法是农村发展工作者熟悉社区情况的一种至关重要的方法。

根据访谈时控制程度的不同，可分为结构访谈、非结构访谈和半结构访谈。在参与式农业推广实践中，半结构访谈最为常用。该方法根据项目任务和工作重点设计访谈的框架，根据访谈过程中获取的有价值的信息进行问题探究。因此，对访谈对象的条件、所要询问的问题等只有一个粗略的基本要求。至于提问的方式和顺序、访谈对象回答的方式、访谈记录的方式和访谈的时间地点等没有具体的要求，由访谈者根据访谈时的实际情况灵活处理。半结构访谈方法能够激励访谈者和被访谈者之间的双向交流，创造和谐的访谈气氛，实现信息的获取与再创造。其主要步骤是：设计一个包括讨论主题和主要内容的访谈框架；确定样本规模和抽样方法；熟悉访谈技巧，提高引导、判断、归纳总结等技能；实地访谈；分析访谈信息；共同讨论访谈结果。需要关注的是，半结构访谈需要双方在平和气氛中进行交流，并注意收集访谈中出现的许多事先没有预料到的额外信息，在访谈过程中只记录访谈要点，访谈结束后应及时整理访谈记录。此外，还需要注意对个人信息的保密。

（二）管理分析法

参与式农业推广会涉及SWOT分析、问题树、目标分析等管理分析方法，其中，SWOT分析方法较为常用，S（strengths）、W（Weaknesses）是内部因素，O（opportunities）、T（threats）是外部因素。既要分析内部因素，也需要分析外部因素。通过罗列S、W、O、T的各种事实作为判断依据，在罗列作为判断依据的事实时，要尽量真实、客观、精确，并提供一定的定量数据弥补SWOT定性分析的不足，以构造高层定性分析的基础，这就需要各参与主体掌握一定技能，防止因为主观因素而影响最终的判断。

问题树的具体操作如下：先将一个要分析的问题写在一张小纸片上并将其贴在一张大纸上方的中央；分析导致这个问题的一些直接原因，并将这些原因分别写在小纸片上，贴在大纸上问题的下方；用彩笔将每个原因与问题相连；将每个原因作为“问题”对待，再逐个分析出导致每个“问题”的主要原因，将它们写在小纸片上，贴在大纸上该“问题”的下面，用彩笔将它们与相应的“问题”相连；如此往复，进一步分析出每个原因下面的原因，将它们写在小纸片上，贴在相应的原因下面，用线条连接起来，直至最后分析出最根本的原因。参与式农业推广中涉及的管理分析方法不仅有助于解决具体推广项目问题，而且能够让基层人员和农民养成科学思考的良好习惯。

应用目标分析法要求参与者首先应在协调人的引导下将问题分析环节中的所有负面问题陈述转化为正面的目标陈述；其次按问题树的结构构建目标树，将其中的核心问题转变为核心目标，核心目标下面为目标实现的手段，核心目标上面为目标实现后产生的结果；最后自下而上检验“手段结果”的逻辑关系。

（三）排序择优法

在参与式农业推广过程中，由于参与主体较为多样化，因而往往涉及问题、方案和技术优先的选择问题，排序择优法有助于具体方案的选择和项目的有效进展，排序方法的运用能够更形象直观地反映出不同组别的人对某一事物的看法，充分体现群众的参与性。特别是在村民教育水平很低的地方，用当地能够理解的符号方式表达出矩阵排序，既能激发村民的感性认识，又能实现调查的目的。

排序方法对半结构式访谈是一个极好的补充。排序方法可分为简单排序和矩阵排序，简单排序是指对单列问题的排序，而不包含不同指标。矩阵排序通过把某一主题下的相关方面的事实，采用矩阵图的方法摆出来，可以揭示其内在的相关性及规律性，从而引发人们的参与、讨论、反思和批判。与简单排序不同，矩阵排序必须加入进行判断的指标，且要通过横向和纵向的综合比较才能得到最后的排序。例如，发展问题和发展优势排序，与项目相关的积极影响和消极影响排序，影响贫困程度与富裕程度的问题排序等。

（四）宣传法

为了更好地展示参与式推广的过程及成果，有效的宣传方法必不可少，如展板、墙报、幻灯片等。宣传的具体方法可以多种多样，就地取材，关键是让各主体能够切实参与进来。典型的应用如社区参与式绘图，即PRA（参与式农村评估）小组成员与社区村民一起把社区的概貌、土地类型、基础设施、教育资源、居民区分布等直观地反映在平面图上。这一过程既让核心团队对推广地有了更加深刻的了解，也让村民对自身状况有一个宏观认识。

（五）图示法

图示类工具也是参与式方法中最为常见的工具之一。它以直观的形式将社会、经济、地理、资源等状况以图表、模型的形式表现出来，能够很好地吸引参与者的注意力，进而引导参与者积极参加讨论。图示类工具主要包括社区图、剖面图、季节历和活动图等。

社区图是一种反映社区内不同事物分布状况的参与性工具，如社区内人口、居民户、商店、诊所、学校、水源、田地、娱乐场所等的分布。绘制社区图之前需确保制图场地空闲，可以使用，并想好要画的图形：河、桥、房子、男孩、女孩、山、路等，最后进行参与式绘图。制作社区图，有助于了解目标人群在社区的生存状态，从而为制定社区传播策略提供依据。

剖面图由参与式推广团队与村民一起把项目推广地区的概貌、土地类型、基础设施，教育资源、居民区分布等直观地反映在平面图上，是通过参与者对社区内一定空间立体剖面的实地勘察而绘制的，包括社区内生物资源的分布状况、土壤类型、土地的利用状况及存在问题的平面图，从而为探讨和开发其潜力提供相应的依据。具体步骤包括：①组成实地踏查小组。由社区内和社区外的参与者组成小组（3~5人）。②选择勘查路线。要求勘察路线具有一定的代表性和问题的说明性。③实地勘查。沿选好的勘察路线前进，边走边观察边记录，并进行必要的讨论。④绘制剖面图。勘查结束后，要及时进行剖面图的绘制，以防信息遗失。⑤剖面图的修改完善。将剖面图展示给其他村民，以征求他（她）们对剖面图的建议和意见，由此对剖面图进行必要的补充和完善。

季节历常用来分析男性和女性劳动力在从事特定农事活动时的季节分布。在实际操作中，尽量体现不同性别在不同活动中的分工及数量投入的差异，可用多种方式表示各月男女农民相对的劳动量，参与者回顾，确认完成后的季节历应注明制作时间和地点。

活动图就是将一个人一天中的活动内容、活动范围等连接起来形成的图。

（六）会议法

参与式农业推广经常会涉及不同想法的碰撞，这就需要以会议的形式进行磋商。与传统的政府会议不同，这里涉及的会议主要是村民大会和小组会议。基于参与式农业推广的共有平台性质，会议需要集思广益，这就要求各主体在会议中能简洁明了地表达其意见与建议，但须注意会议的有效性，防止出现文山会海影响项目进度。

第九章　农业推广服务

第一节　农业技术推广服务

一、农业技术推广服务的含义与内容

（一）农业技术推广服务的基本概念

根据 2012 年修订的《中华人民共和国农业技术推广法》，农业技术是指应用于种植业、林业、畜牧业、渔业的科研成果和实用技术。主要包括：良种繁育、栽培、肥料施用和养殖技术；植物病虫害、动物疫病和其他有害生物防治技术；农产品收获、加工、包装、贮藏、运输技术；农业投入品安全使用、农产品质量安全技术；农田水利、农村供排水、土壤改良与水土保持技术；农业机械化、农用航空、农业气象和农业信息技术；农业防灾减灾、农业资源与农业生态安全和农村能源开发利用技术；其他农业技术。农业技术推广是指通过试验示范、培训、指导以及咨询服务等，把农业技术普及应用于农业产前、产中、产后全过程的一种活动。

因此可以说，农业技术推广服务是指农业技术推广机构与人员向农业生产者提供农业技术产品，传播与技术产品相关的知识、信息以及提供农业技术服务的过程，主要包含农业技术产品提供和农业技术服务提供两个方面。

（二）农业技术推广服务内容

1. 服务技术分类

从农业技术的性质和推广应用的角度进行分类，农业技术可分为三种类型。第一种类型是物化技术成果。这类技术成果具有一个明显的特点，即它们已经物化为技术产品，并已成为商品。这类技术成果包括优良品种、化肥、农（兽）药、植物生长调节素、薄膜、农业机械、饲料等。

第二种类型是一般操作技术。它是为农业生产和农业经营提供操作方法、工艺流程、相关信息等，以提高劳动者的认识水平和操作能力。主要通过培训、典型示范和发布信

息进行推广，具有较为典型的公共产品属性。这类技术包括栽培技术、养殖技术、病虫害预报预测及防治技术、施肥与土壤改良技术、育秧（苗）技术、畜禽防病（疫）治病技术等。

第三种类型是软技术成果。它主要指为政府决策部门、企业（或农户）提供决策咨询等方面的服务。它不同于一般的管理理论和管理技术，具有较强的针对性。软技术成果主要有两个特点：一是服务对象的广泛性，既可为宏观决策服务，又可为微观决策服务。二是经济效益度量比较困难。如农业技术政策、农产品标准、农业发展规划、农户生产技术选择和生产决策、信息及网络技术等，很难测算其具体的经济效益。

2. 服务阶段与相应的服务内容

（1）产前。农业生产前期是农民进行生产规划，生产布局，农用物资和技术的准备阶段。在此阶段农民需要相关农产品和农用物资的种类信息、市场销售信息、价格信息和相关政策法规等。由此，农业技术推广部门可以为农民生产、加工、调运和销售优质合格的种子、种苗、化肥、农药、农膜、农机具、农用设施等农用物资，也可以从事土地承包、技术承包、产销承包、生产规划与布局的服务合同签订工作和农产品销售市场的建设工作，从而使农业生产有规划、有布局、有条件、有物质、有技术、有信息、有市场等。

（2）产中。农业生产中期是农民在土地或设施内利用农用物资进行农业产品再生产的具体过程。农业推广部门要继续提供生产中所急需的农用物资的配套服务，要保证农用生产物资的供给和全过程的技术保障，实现农业生产的有序化、高效化。同时，积极开展劳务承包、技术承包等有偿服务活动，从中获得经济效益，并继续联系和考察农产品销售市场，制定营销策略，积极扩大销路。

（3）产后。农业生产结束是农民收获贮藏和销售农产品的过程，此时农民最关心其产品的去向问题。因此，农业推广部门应开展经营服务，要保证农产品产销合同的兑现，要积极组织农民对农产品进行粗加工，为农民提供收购、贮运和销售服务并帮助农民进行生产分析、再生产筹划。此时开展这样的推广服务，正是帮助农民、联络农民感情、增强信任度和提高服务能力的好时机，可以为进一步开展技术推广服务奠定良好的基础。

二、农业技术推广服务的对象与组织

（一）农业技术推广服务对象

我国当前农业从业劳动力大致可以分为三类：传统农民、新型农民和农民工。其中，传统农民受教育程度普遍较低，对于新技术的接受能力较差，而农民工常年在外打工，对于农业生产热情不高。当前国家大力倡导培育新型农业经营主体，发展现代农业。目前新型农业经营主体主要有五大类：自我经营的家庭农业；合作经营的农民合作社；雇工经营的公司农业；农业产业化联合体；新型农民。新型农业经营主体中的农业从业者大多专门从事农业生产，愿意学习新知识，对于新技术的需求比较旺盛，因此，农业技术推广服务的重点对象应该是这部分新型农业经营主体。

（二）农业技术推广服务组织

我国现行的农业技术推广服务组织基本上由以下三部分组成。

1. 政府主导型农业科技推广组织

政府主导型农业技术推广体系分国家、省、市、县、乡（镇）5级。县、乡两级的农业技术推广部门是推广体系的主体，是直接面向农民，为农民服务的。在一些地方，县、乡农业管理部门和农业技术推广部门联系密切，有的就是同一机构。

政府依据区域主导产业发展和生产技术需求，以政府“五级农业科技推广网”为主，以上级部门下达的项目任务为支撑，开展新技术、新成果、新产品的示范推广。政府主导型农业科技成果转移模式一般有三种：“政府＋农业科技推广机构十农户”；“政府＋科教单位＋农户”；“政府＋企业＋农户”的模式。其经费主要来源于国家财政事业拨款，其次为科级单位自筹、有偿服务、企业资助和社会捐款等多种渠道。在管理上，政府负责宏观指导和管理，制定管理办法，出台相应的引导与激励政策，制订推广计划和中长期发展规划，确定总体目标、主要任务和工作重点。这种管理模式与运行机制较为完善，便于政府宏观管理和统一协调。但是，这种模式对政府的依赖性很强，不能很好地吸纳社会力量，与市场经济的衔接不够密切。

2. 民营型农业科技推广组织

民营型农业科技推广组织可分为两种：一种是以农民专业合作经济组织为基础的农业科技推广组织，这种组织以增加成员收入为目的，在技术、资金、信息、生产资料购买产品加工销售、储藏、运输等环节，实行自我管理、自我服务、自我发展。目前，大多数农业合作经济组织不是由农民自发创建起来的，而是依靠诸如政府、科技机构、农产品供销部门等外部力量发展起来的。另一种是经营型推广组织，此类组织主要指一些龙头企业和科研、教学、推广单位等的开发机构所附属的推广组织。这种独立的经济实体一般具有形式多样、专业化程度高、运转灵活快捷、工作效率高、适应农户特殊要求等特点，主要从事那些营利性大、竞争性强的推广项目。

经营型推广组织是市场经济条件下的产物，是推广活动私有化和商业化的产物。

3. 私人农业科技推广组织

私人农业科技推广组织主要指以个人为基础的推广队伍。这种农业技术推广服务组织更多存在于发达国家，目前我国相对来说较少。

三、农业技术推广服务方式

农业技术推广方式是指农业推广机构与人员同推广对象进行沟通，将科技成果应用于生产实践从而转化为现实生产力的具体做法。各国由于其历史、文化、社会、经济体制和行政管理体制不同，形成了不同的农业推广指导思想和组织形式。随着我国的市场经济体制改革，农业推广工作也从由各级政府的技术推广机构主导，转向以政府为主导、政府专业技术推广机构、高等院校和农业科研单位、涉农企业、农业专业合作技术组织等多种主体共同参与的形式，农业技术推广工作也衍生出以多种不同单位为主体的推广模式，而其推广服务的方式也越发多样。

（一）咨询服务

咨询服务是指在农民生产过程中为其提供各种技术、信息、经营、销售等方面的相关建议，帮助农民提高生产技术，发展自我能力，拓宽信息渠道的服务过程。在经济全球化进程加快和科学技术迅猛发展的形势下，农业和农村经济进入了新的发展阶段，农业推广的内容也发生了很大变化。由于农业生产具有时间长、分散程度高、从业人员受教育水平低等特点，信息获取具有一定的滞后性，农业经营方式难以跟上市场变化。作为推广对象的农民不仅需要产中的技术服务，更需要产前的市场信息服务和生产资料供应及产后的产品销售等信息和经营服务，这样就要求农业推广人员需要在生产的各个环节为其提供咨询服务，使一大批新技术能及时广泛地应用于生产，拓展农民的信息渠道，扩大农民信息采集和发布面，促进农产品流通。

（二）经营服务

农业经营性服务是服务与经营的结合。从事经营服务的推广机构和推广人员，一方面，在购进农用生产物资并销售给农民的过程中扮演了销售中间商的角色，既是买方又是卖方；在帮助农民推销农产品的同时，又扮演了中介人的角色。另一方面，在兴办农用生产物资和农产品的生产、加工、运输、贮藏等实体企业中，则按照企业化的运行机制进行。因此，农业推广经营服务可以表述为：农业推广人员为满足农民需要，所进行的物资、产品、技术、信息等各个方面的交易和营销活动，是一种运用经济途径来进行推广的方式。

（三）开发服务

开发服务是指运用科学研究或实际经验获得的知识，针对实际情况，形成新产品、新装置、新工艺、新技术、新方法、新系统和服务，并将其应用于农业生产实践以及对现有产品、材料、技术、工艺等进行实质性改进而开展的系统性活动。这种方式通常是农业科研或推广部门与生产单位或成果运用单位在自愿互利、平等协商的原则基础上，选择一个或多个项目作为联营和开发对象，建立科研生产或技术生产的紧密型、半紧密型或松散型联合体。它以生产经营为基点，然后进行延长和拓展，逐步形成产前、产中、产后的系列化配套技术体系。从单纯出售初级农产品转向农副产品的深度加工开发，从而提高农业经济的整体效益。这种方式既可以充分发挥科研与推广部门的技术优势，又可以充分利用生产单位的设备、产地、劳力、资金、原材料等方面的生产经营优势，使双方取长补短、互惠互利。同时，它可以使一项科技成果直接产生经济效益，缩短科技成果的推广路径。

农业推广信息服务是指以信息技术服务形式向农业推广对象提供和传播信息的各种活动。农业推广信息服务的内容、方式和方法与过去相比均发生了很大的变化。农业推广信息服务由提供简单的信息服务，向提供深加工、专业化、系统化、网络化的农业信息咨询服务发展。现阶段，我国急需提高农业信息技术，加大信息网络建设，整合网络资源，丰富网上信息，实施网络进村入户工程，为农民朋友提供全方位服务，用信息化带动农业的现代化。

（四）科技下乡与科技特派员

科技下乡是把科学技术成果传递到农村，包括科学育种、科学管理、科学防灾等，以节省财力、物力、人力等来提高产品产量和质量，实现为农民服务。同时，科技下乡是新农村建设的一个重要环节，因此，也有利于为新农村建设提供坚实的基础。

2016年，国务院办公厅发布的《关于深入推行科技特派员制度的若干意见》要求，壮大科技特派员队伍，完善科技特派员制度，培育新型农业经营和服务主体，健全农业社会化科技服务体系。科技特派员是指经地方和政府按照一定程序选派，围绕解决“三农”问题和农民看病难问题，依据市场需求和农民实际需要，从事科技成果转化、优势特色产业开发、农业科技园区和产业化基地建设以及医疗卫生服务的专业技术人员。

第二节 农业推广经营服务

一、农业推广经营服务的含义与内容

农业推广服务按其性质可分为公益性服务和经营性服务两个方面。根据《中华人民共和国农业技术推广法》，农业推广应当遵循“公益性推广与经营性推广分类管理”的原则。从广义上讲，农业推广经营服务是指农业推广人员或农业推广组织按照市场运营机制，以获取利润为主要目的，为用户提供农资农产品生产环节、流通环节以及用户生活等各方面服务的一种农业推广方式，是相对于公益性农业推广的经营性农业推广组织主要采用的推广方式。从狭义上讲，农业推广经营服务是指农业推广人员为满足农民需要，所进行的物质、技术、信息、产品等各方面的交易和营销活动，是一种运用经济手段进行农业推广的方式。农业推广经营服务可以促进农资流通体制和农业生产资料经营方式的转变，增强推广单位的实力和活力，实现公益性推广机构和经营性推广机构的分设和合理运行，提高农业科技入户率，实现新成果的交换价值，促进技术推广效果和物质资金投入效益双重提高。

农业推广经营服务的范围虽然十分广泛，但在我国实践中主要还是围绕农业生产的产前、产中和产后三个环节来开展的。产前经营服务主要提供农业生产所必需的各种农业生产资料，如新品种、新农机、新种苗、新农药等；产中主要进行有偿或与生产资料经营相配套的无偿技术服务，如进行新型技术承包或新产品使用技术指导；产后主要进行产品的贮存、销售、加工等。目前农业推广经营服务的产前和产中活动十分广泛，产中服务常常是产前和产后服务的衔接阶段，可以单独收费，也可以作为产前经营服务的附加服务，继而免费（如对购买新农资的用户免费提供农资使用及其他田间管理技术指导）。

二、传统农业推广经营服务模式

我国传统的农业推广经营服务主要有技物结合和农资农产品连锁经营两种类型。

（一）技物结合

技物结合型农业推广经营服务是在实行家庭联产承包责任制后，农民成为自主经营、独立核算、自负盈亏的生产者和经营者，他们在产前、产后的许多环节上，由于信息不灵、科学知识不足、生产资料不配套，产供销脱节，影响了生产力的发展和经济收入的增加，农业推广部门为解决以上问题而开展的一项农业技术推广与物资供应相结合的综合配套的农业推广经营服务模式。这种推广经营服务是从乡镇农业推广站开始，主要由基层农业推广部门开展的以经营新种子、新农药、新肥料、新农机、农膜、苗木等为主“既开方，又卖药”的活动。

农业推广部门开展技物结合配套综合经营服务，最大的好处就是增强了服务功能，加速农业新技术、新产品推广，壮大自身的经济实力，促进农技推广事业的发展。此外，农业推广单位开展技物结合经营服务可用物化技术为手段，加大农业技术推广力度，不仅立足推广搞经营，还通过搞好经营促推广，使农业推广在农业生产中的作用越来越大。技物结合型主要有以下四种类型。

1. 技术与物资结合式。这种方式通俗地讲就是“既开方，又卖药”将农业推广和经营服务有机结合在一起，通过这种结合方式，在微利销售种子、农药、化肥、农机具等的同时给予耐心细致的咨询服务，将使用说明、技术要点和注意事项一同讲授，并随之发放生产材料的详细说明书或者“明白纸”。这样口头讲解和书面讲解双管齐下，便于农民学习，更容易得到农民的认可，实现技术的有效传播。此外，根据农民的生产项目，有针对性地帮助他们制订生产计划，提供技术服务，并将其所需的农业生产材料配备齐全，使农民获得实惠。

2. 产业化链条式。一些经济较发达的地区或名、优、特、稀、新产品的产地，在产品服务中，需要贮藏、运输、加工、资金、管理等方面的服务，为满足此需要，农业推广部门为推广对象提供产、供、销一体化服务。

3. 生产性经济实体。是指创办直接为农业服务的农场、工厂或公司，主要包括农副产品加工类、农用生产资料的生产类工厂（如各种化肥、农药、农机修配等工厂）。此外，还有其他非直接服务于农业的各种工厂或公司，以赚取利润支持农业推广事业，间接服务于农业。

4. 技劳结合型。是指一些农户自愿联合起来，组建各种农业服务队，既负责技术，又负责劳务。如植保服务人员，负责整个病虫害防治过程，包括病虫害测报、农药的供应和配制、喷洒农药等全过程，结合防治效果和面积获取技术服务费。

（二）农资与农产品连锁经营

针对我国农产品消费从数量型向质量型的转变，2003 年农业农村部颁发了《关于发展农产品和农资连锁经营的意见》。农资与农产品连锁经营是我国农业推广经营服务组织建立的经营实体中的一种服务模式。连锁经营是指在总部企业的统一领导下，若干个经营同类产品或服务的企业按照统一的经营模式，进行采购、配送、分销等的经营组织方式。其基本规范和内在要求是统一采购、统一配送、统一标识，统一经营方针、统一服务规范和统一销售价格。农资、农产品连锁方式不但能使用户很方便地购买质优价廉的产品，而且也将大大减少假冒伪劣产品坑农事件。连锁经营通过总部与分店之间清晰的产权关系，形成了良好的市场分割、利益分享机制，将农资、农产品经营机构之间的竞争关系转化为合作共赢关系，促进各个机构之间利益联合，进而有利于规范市场秩序，形成良性竞争的市场环境。

从连锁方式看，连锁经营一般分为正规（直营）连锁、特许（加盟）连锁和自由连锁三种形式。直营连锁是所有门店受总部的直接领导，资金也来自总部。这种模式能够实现更好的管理，但因为受总部的资金管理限制，有时失去其发展动力。

特许加盟是指总部根据合约关系对所有加盟店进行全面指导，门店按照总部要求协同运作，从而获得理想的效益。这种加盟方式要求总部必须拥有完整有效的管理体系，才能对加盟门店产生吸引力。

自由连锁即一些已经存在或发展成熟的企业或组织为了发展需要自愿加入连锁体系，商品所有权属于加盟店自己所有，但运作技术及品牌归总部持有。这种体系一方面需要各店为整体目标努力；另一方面要兼顾保持加盟店自主性运作，因此必须加强两者的沟通。

连锁经营从经营模式看主要有四种。一是“龙头企业＋基层供销社＋区域农资营销协会”模式，如甘肃省武威市凉州区以鑫富农农业生产资料有限公司为龙头，以基层供销社农资配送中心和区域性农资营销协会为骨干的全区农资连锁配送经营体系。二是“龙头企业＋农资超市＋基层农资点”的农资连锁经营模式，如江苏省靖江市以供销合作社系统为中心的农资一体化连锁经营网络。三是“龙头企业＋配送中心＋直营店＋加盟店”模式，如江西省宜丰县的农资连锁经营。四是“县级配送中心＋乡级配送站＋直营店＋连锁加盟店”的经营体系，如广西壮族自治区兴业县的农资连锁经营。近年来，我国农资农产品连锁经营从数量扩张向质量提升转型。

三、农业推广经营服务模式的创新

（一）农资农产品的绿色营销模式

绿色营销，即农资农产品生产者在经营农资农产品活动中使生态环境、消费者利益以及自身利益协调统一，使人类社会最终实现可持续发展的营销活动。绿色营销强调生产者在追求自身利益的同时，不能忽视消费者利益和生态效益，应该将三者有效结合在一起。

农资农产品绿色营销包括诸多内容，如倡导绿色消费理念，使人们形成绿色消费意识，营造良好的生态环境。减少自然资源的浪费，控制环境污染，维持人与自然环境的协调关系，生产绿色产品，保护消费者利益。除此之外，实行绿色营销策略的企业要在保护生态环境的前提下创新升级自己的产品，采取相应的定价策略和促销策略，减少环境破坏，节约资源，真正实现经济与自然环境之间的协调发展。

实施农产品绿色营销模式，必须坚持维持生态平衡原则和环境保护原则。将产品、价格以及营销策略等多种因素自由组合。包括开展绿色产品生产、建立绿色产品制度、设计绿色产品包装、打造绿色产品品牌、实行农产品绿色价格、进行农产品绿色促销、采用农产品绿色营销渠道，进而优化农产品结构，提升农产品经营效益。

（二）智慧农业经营模式

随着农村互联网应用的普及，一些政府部门搭建信息服务平台，定期举办产品交流会，让消费者和生产者直接进行对接，使生产者能够通过网络寻找客户、了解农产品的信息，实施网上交易。同时，政府部门加强指导和监督，制定相关的政策和措施，建立农产品质量标准体系，保证农产品能够顺利进行交易，形成了农业推广经营服务的新模式。

“智慧农业”就是充分运用现代信息技术、计算机与网络技术、物联网技术、音视频技术、3S 技术，无线通信技术及专家智慧与知识，实现农业可视化远程诊断、远程控制、问题预警等智能管理。智慧农业经营就是用先进管理办法来组织现代农业的经营，把农业生产、加工、销售环节连接起来，把分散经营的农户联合起来，有效地提高农业生产的组织化程度。把农业标准和农产品质量标准全面引入农业生产加工、流通的全过程，增强农业的市场竞争力。智慧农业在农业推广经营服务中的应用主要包括以下几种模式。

1. 农管家互联网服务平台

农管家是服务于专业大户、家庭农场、农民合作社等新型农业经营主体的现代农业生产 App（安装在智能手机上的客户端软件），致力于用互联网整合农业供应链，打通上下游及周边服务，提升新型农业生产经营主体的经营理念和效益，帮助其快速发展的一种“互联网 + 社群”服务平台。

农技 App 平台通过设置权威专家、农艺师、一线专家的三层专家体系，将最先进、最实用的农技课程进行层层传递。农户可在平台上自由创建讨论群组，建立自己的交流圈子。并可通过手机上传图片，描述作物生长情况和病情，几分钟后便得到平台专家的解答，尤其通过农管家互联网服务平台，搭建农产品收购商和新型农业经营主体的桥梁，提供农业金融、农资团购等服务，逐渐形成以农技服务为切入口，以综合性农业生产服务为目标的移动互联网平台，让农产品高效地流通起来。

2. 农资农产品电子商务模式

农资农产品电子商务是指在互联网开放的网络环境下，买卖双方不谋面而进行的农资农产品商贸活动，实现消费者网上购物、商户间网上交易，在线付款或货到付款、线下配送的一种新型农资农产品商业运营模式。目前农资农产品电子商务平台很多，例如淘宝、阿里巴巴、三农网、中国农产品网、中国惠农网、中国蔬菜网、中国果品网、农业网、农批网、金农网、绿果网和农宝网等。

（1）农产品电商模式的类别。《我国农产品电商模式创新研究报告》对现阶段我国农产品电商交易模式进行了分类。从平台的角度看，农产品电商模式主要有政府农产品网站、农产品期货市场网络交易平台、大宗商品电子交易平台、专业性农产品批发交易网站和农产品零售网站五种。

从农产品流通渠道，尤其生鲜农产品流通渠道看，电商模式主要有 C2B/C2F 模式、B2C 模式、B2B 模式、F2C 模式、O2O 模式、CSA 模式、FIB 模式、FMC 模式、O2C 模式等。

从采用的网络工具来看，电商采用模式主要有自建电商平台、借助公共平台、委托电商平台代办，合作共建平台和“三微”（微博、微信、微店）五种。

结合各地农产品电商发展的具体情况，可总结出种类繁多、各具地方特色的农产品电商模式。目前主要有以“生产方 + 网络服务商 + 网络分销商（或协会 + 网商）”为特色的浙江丽水市遂昌模式，以“农户 + 网络 + 公司（或加工厂 + 农民网商）”为特色的江苏徐州市沙集模式，以“专业市场 + 电子商务”的河北邢台清河模式，以“农户

+网商”为特色的甘肃陇南成县模式等。

（2）农资电商模式的类别。多年来，农资产品的客户主要有农资加盟连锁店、专业大户和专业合作社，农资产品的获得主要通过代销或直销渠道。随着信息化、城镇化和现代化的发展，农资的网络营销开始有了较大发展。现有的农资电商模式主要是B2B、B2C等，这些模式在农资行业存在一些不足之处，诸如物流、售后、配套的技术与信息不能满足客户的需求，在网络上进行的交易不能让文化程度普遍较低的农民信任。

农资电商模式发展的方向是打造打通农业上下游产业链的第三方O2O电子商务平台，发展适合我国农资网络营销的O2O和社会化服务相结合的多主体参与的新模式，如田田圈、一亩田、农商1号、京东农资等。

第三节　农业推广信息服务

一、政府农业信息网站与综合服务平台服务模式

政府农业信息网站与综合服务平台服务模式基本上是由政府主导的，信息服务内容和服务对象广泛，服务方式比较先进，服务的权威性较强。农业和科技系统发挥了较大的作用，早期是建立比较大型的权威农业信息网站，后来是创建综合信息服务平台。例如，针对安徽农村互联网普及率，农户上网率仍不高的现状，安徽农村综合经济信息网跳出网站服务“三农”，已实现互联网、广播网、电视网、电话网和无线网的“五网合一”，建立一个上联国家平台，下联基层，横联省级涉农单位，集部门网站、电子商务、广播电视、电话语音、手机短信、视频专家在线等多种媒体和手段等为一体，覆盖全省的互联互通“农业农村综合信息服务平台”，形成了政府省心、农民开心的农业农村综合信息服务体系，成为千万农户对接千变万化大市场的重要平台与纽带。

二、专业协会会员服务模式

农村专业技术协会是以农村专业户为基础，以技术服务、信息交流以及农业生产资料供给，农产品销售为核心组织起来的技术经济服务组织，以维护会员的经济利益为目的，在农户经营的基础上实行资金、技术、生产、供销等互助合作。它主要具有三种职能：一是服务职能，其首要任务就是向会员提供各种服务，包括信息、咨询、法律方面的服务；二是协调职能，既要协调协会内部，维护会员之间公平竞争的权利，又要协调协会外部代表会员们的利益；三是纽带职能，即成为沟通企业与政府之间双向联系的纽带，如农村中成立的各类专业技术协会、专业技术研究会和农民专业合作社等。

三、龙头企业带动服务模式

龙头企业带动服务模式通常是由涉农的龙头企业通过网站向其客户发布信息，或者利用电子商务平台进行网络营销等活动，为用户提供企业所生产的某类农资或农产品的技术和市场信息，有时也为用户统一组织购买生产资料；在企业技术人员的指导下，农户生产出的产品由公司统一销售，实行产、供、销一体化经营；企业和农户通过合同契约结成利益共同体，技术支撑与保障工作均由企业掌控。目前，该类模式有“公司＋农户”“公司＋中介＋农户”和“公司＋合作组织＋农户”等模式。

四、农业科技专家大院服务模式

农业科技专家大院服务模式是以提高先进实用技术的转化率，增加农民收入为目标，以形成市场化的经济实体为主要发展方向，以大学、科研院所为依托，以科技专家为主体，以农民为直接对象，通过互联网、大众媒体、电话或面对面的方式，广泛开展技术指导、技术示范、技术推广、人才培训、技术咨询等服务。农业科技专家大院服务模式促进了农业科研、试验、示范与培训、推广的有机结合，加快了科技成果的转化，促进了农业产品的联合开发，提高了广大农民和基层农技推广人员的科技素质。目前，该类服务模式也在不断创新，即具体化、多元化和市场化。主要表现在服务对象更加明确，服务内容也更加具体，并且高校、科研院所等积极参与，运作形式也越发多样化，各类管理都趋向市场化的企业管理模式。

五、农民之家服务模式

农民之家服务模式是以基层农技服务为基础，经济组织、龙头企业等其他社会力量为补充，公益性服务和经营性服务相结合，专业服务和综合服务相配套，高效便捷的新型农业社会化服务体系。该模式主要活动于专业合作经济组织（或协会），能够适应农村经济规模化、区域性和市场化发展的要求，充分发挥协会组织的桥梁纽带作用，有利于形成利益联动的长效机制，具有投入少、见效快、运行成本低、免费为农民提供信息服务等特点。通过农民之家的建设和运行，基层政府也可从以前的催种催收等繁杂的事务管理中解脱出来，变为向农民提供信息、引导生产、帮助销售，也能够及时宣传惠农政策，了解村情民意，化解矛盾纠纷，转变了基层政府为农服务的方式。其中比较典型的如浙江省兰溪市的农民之家信息服务平台，该平台有效地整合了农业、林业、水利等各涉农部门的资源力量，通过建立“12316”等信息平台，改进服务手段，创新服务方式，建立了一站式、保姆式高效便捷服务平台，成为该模式推广的先进典型。

第十章　农业供给侧改革背景下的农业技术推广体系创新思考

第一节　基本形成可复制的新型农技推广诸城模式

一、新型农技推广诸城模式的核心内容与特点概述

在农业现代化进程中，农业技术推广作为连接科研与生产的重要桥梁，其模式与效率直接影响着农业生产力的发展水平。诸城市，作为山东省农业发展的典型代表，通过多年的探索与实践，形成了一套独具特色的新型农技推广模式——“诸城模式”。这一模式不仅有效促进了当地农业科技的普及与应用，也为全国其他地区的农技推广提供了宝贵经验。

（一）诸城模式的核心内容

诸城模式的核心内容之一是农业产业化的深度推进。诸城市通过发展农业产业化，实现了农业的规模化、专业化、标准化生产，提高了农产品的质量和附加值。具体做法包括：一是依托龙头企业，构建以市场为导向、以农户为基础、以经济利益为核心的产业体系；二是通过政策扶持和技术引导，推动农产品加工、流通等环节的协同发展，形成完整的产业链；三是加强品牌建设，提升农产品的市场影响力和竞争力。农业产业化的深度推进，为农技推广提供了坚实的产业基础和市场支撑。

诸城模式还注重农村社区化的全面覆盖。自2007年起，诸城市率先在全国开展社区化建设，将全市1249个村庄规划建设为208个农村社区，每个社区涵盖约5个村，服务半径约2公里。通过社区化建设，诸城市实现了公共服务的下移和资源的有效整合，为农技推广提供了便捷的服务平台。在社区内，诸城市建立了完善的农技推广服务体系，包括农业专家服务组、三农服务热线、农业信息网等，实现了农技信息的快速传递和有效对接。

诸城模式还体现在“三区”共建共享的创新实践上。所谓“三区”，即生产园区、生活社区、生态景区。诸城市围绕这“三区”，深入推进共建共享，推动农业、农村、

生态的协调发展。在生产园区方面，诸城市依托农业龙头企业和特色园区，推广先进的农业技术和管理模式；在生活社区方面，通过提升公共服务功能和基层党组织组织力，改善农民的生活环境和质量；在生态景区方面，依托自然资源和文化资源，发展乡村旅游和生态农业，实现经济效益与生态效益的双赢。

（二）诸城模式的特点概述

诸城模式的一大特点是以农民需求为导向的推广服务。在农技推广过程中，诸城市注重倾听农民的声音，了解他们的实际需求，并据此调整推广策略和服务内容。例如，诸城市建立了“农夫点餐”式服务模式，通过12316三农服务热线、农业信息网等平台，为农民提供电话服务、网络服务、网络视频服务等多种服务方式，让农民在田间地头就能与农业专家直接联系，解决生产中的实际问题。这种以农民需求为导向的推广服务，大大提高了农技推广的针对性和实效性。

诸城模式还体现在科技直通农村的便捷服务上。诸城市充分发挥“农业科技直通车”和“农业科技推广车”的作用，建立常下乡、下长乡的农业服务格局，推行承诺限时服务制。通过赶科技大集、举办农村社区培训班等方式，农技人员深入社区、村户或田间地头开展服务，为农民提供面对面的技术指导。这种便捷快速的科技直通服务，有效缩短了农技与农民之间的距离，加快了农业科技的普及速度。

诸城模式的成功还得益于多方参与的协同推广机制。在农技推广过程中，诸城市注重发挥政府、企业、科研机构、农民等多方主体的积极性，形成合力共同推动农技推广。政府通过政策扶持和资金投入，为农技推广提供有力保障；企业依托自身的技术和市场优势，推动农业技术的创新与应用；科研机构则负责农业技术的研发与引进，为农技推广提供智力支持；农民作为农技推广的直接受益者，积极参与其中，形成良性互动。这种多方参与的协同推广机制，为诸城模式的持续健康发展提供了强大动力。

诸城模式还注重利益联结机制的构建。在农技推广过程中，诸城市通过政策引导和市场机制的作用，建立起农业龙头企业、合作社、农户之间的利益联结机制。例如，通过“党支部领办合作社 + 服务组织 + 农户”的模式，实现土地资源的整合和规模化经营；通过“企业 + 家庭农场”的合作模式，提升标准规模和质量效益。这些利益联结机制的构建，不仅促进了农业资源的优化配置和生产效率的提升，也保障了农民的利益和积极性。

诸城模式还体现了注重生态环保的绿色推广理念。在农技推广过程中，诸城市始终坚持绿色发展理念，注重农业生产的生态效益和可持续性。通过推广农药化肥减量替代技术、畜禽粪污资源化利用技术等环保措施，减少农业生产对环境的污染和破坏；通过发展生态农业和乡村旅游等绿色产业，实现经济效益与生态效益的双赢。这种绿色推广理念的践行，不仅提升了农产品的品质和市场竞争力，也为农村生态环境的改善作出了积极贡献。

二、新型农技推广诸城模式在农技推广中的成效分析

诸城市作为山东省农业发展的先锋，其在农技推广领域探索出的新型“诸城模式”，不仅深刻改变了当地农业的面貌，也为全国农技推广提供了宝贵的经验和启示。新型农技推广诸城模式，是在传统农技推广基础上，结合诸城实际，通过制度创新、机制优化、资源整合等手段，形成的一套具有地方特色的农技推广体系。该模式以农业产业化为依托，以农村社区化为平台，以“三区”共建共享为路径，旨在实现农技推广的高效、精准与可持续。

（一）核心内容与实施策略

诸城市通过发展农业产业化，构建了一条从田间到餐桌的完整产业链。在这一过程中，农技推广被深度嵌入到产业链的各个环节，成为推动产业升级的重要力量。企业、合作社、农户等多元主体共同参与，形成了利益共享、风险共担的紧密型利益联结机制。这种机制不仅激发了各方参与农技推广的积极性，也确保了农技推广的针对性和实效性。

诸城市在农村社区化建设中，将农技推广作为重要内容纳入其中。通过设立社区农技服务站、组建农技服务队等方式，实现了农技推广服务在农村社区的全覆盖。同时，利用社区平台，开展形式多样的农技培训和交流活动，提高了农民的科技素质和应用能力。这种贴近农民、服务农民的推广方式，有效解决了农技推广“最后一公里”的问题。诸城市围绕生产园区、生活社区、生态景区“三区”共建共享的目标，积极探索农技推广的新路径。在生产园区，依托龙头企业和特色园区，推广先进的农业技术和管理模式；在生活社区，通过提升公共服务功能，为农民提供便捷的农技咨询和服务；在生态景区，发展生态农业和乡村旅游，实现经济效益与生态效益的双赢。这种多领域、全方位的推广模式，为农技推广注入了新的活力。

（二）成效分析

新型农技推广诸城模式通过制度创新和机制优化，实现了农技推广的高效运作。一方面，通过农业产业化的深度推进，农技推广与产业发展紧密结合，确保了推广内容的针对性和实用性；另一方面，通过农村社区化的全面覆盖和“三区”共建共享的创新实践，农技推广服务更加贴近农民需求，提高了服务的可及性和满意度。这些措施共同作用下，使得诸城市农技推广的效率和效果显著提升。

新型农技推广诸城模式在推动农业技术进步的同时，也促进了农业产业结构的优化升级。通过推广先进的农业技术和管理模式，提高了农产品的品质和附加值；通过

发展特色农业和生态农业，拓宽了农业的发展空间和市场前景。这些变化不仅增强了农业的自我发展能力，也为农村经济的多元化发展奠定了基础。

新型农技推广诸城模式在提升农业效益的同时，也直接惠及了广大农民。通过推广高产优质品种、节本增效技术等措施，提高了农作物的产量和品质；通过发展农产品加工业和乡村旅游等产业，拓宽了农民的增收渠道。这些变化使得农民收入持续增长，生活水平不断提高。此外，通过农村社区化建设和公共服务提升等措施，农民的生活环境和质量也得到了显著改善。新型农技推广诸城模式在推广过程中始终坚持绿色发展理念。通过推广农药化肥减量替代技术、畜禽粪污资源化利用技术等环保措施，减少了农业生产对环境的污染和破坏；通过发展生态农业和循环农业等模式，实现了农业生产与生态环境的和谐共生。这些措施不仅提升了农产品的品质和市场竞争力，也为农村生态环境的改善作出了积极贡献。

三、新型农技推广诸城模式对周边地区的示范带动作用

诸城市作为山东省乃至全国农业发展的重要区域，其在农技推广领域探索出的新型“诸城模式”，不仅有效促进了当地农业生产的提质增效，还对周边地区产生了显著的示范带动作用。

（一）诸城模式的核心优势

诸城市通过发展农业产业化，实现了农业生产的规模化、标准化、品牌化。这一过程中，农技推广作为关键支撑，被深度嵌入到产业链的各个环节，为产业升级提供了强大动力。周边地区可以借鉴诸城的经验，通过加强农业产业链建设，推动农技推广与产业发展深度融合，实现农业生产的提质增效。

诸城市在农村社区化建设中，将农技推广作为重要内容纳入其中，实现了农技服务在农村社区的全覆盖。这种贴近农民、服务农民的推广方式，有效解决了农技推广“最后一公里”的问题。周边地区可以学习诸城的做法，通过加强农村社区服务平台建设，提高农技服务的可及性和满意度，增强农民对农技推广的接受度和应用效果。

诸城市围绕生产园区、生活社区、生态景区“三区”共建共享的目标，探索出了一条农技推广与乡村振兴相结合的新路径。这一模式不仅促进了农业技术的普及应用，还推动了农村环境的改善和农民生活水平的提升。周边地区可以借鉴诸城的经验，通过加强区域协同和资源整合，推动农技推广与乡村振兴深度融合，实现农业、农村、农民的全面发展。

（二）示范带动作用的具体表现

诸城模式在农技推广方面的成功实践，为周边地区提供了可借鉴的模板。周边地

区可以学习诸城在制度建设、机制创新、资源整合等方面的经验，结合本地实际，完善自身的农技推广体系。通过加强农技推广队伍建设、提高农技服务水平、优化农技服务流程等措施，提升区域农技推广的整体效能。

诸城模式通过多种渠道和方式推广先进的农业技术和管理模式，有效提高了当地农民的科技素质和应用能力。周边地区可以借鉴诸城的做法，加强农业技术的宣传和推广力度，提高农民对新技术、新模式的认知度和接受度。同时，通过组织技术培训、现场观摩、经验交流等活动，帮助农民掌握和应用先进的农业技术，提高农业生产效率和产品质量。

诸城模式在推动农业产业化方面取得了显著成效，为周边地区提供了有益的启示。周边地区可以学习诸城的经验，通过加强农业产业链建设、培育龙头企业、发展特色产业等措施，推动农业产业结构的优化升级。同时，注重农业科技与产业发展的深度融合，提高农产品的附加值和市场竞争力，促进农业增效和农民增收。

诸城模式在推动农业绿色发展方面取得了积极成果，为周边地区提供了可借鉴的经验。周边地区可以学习诸城的做法，加强农业生态环境保护力度，推广农药化肥减量替代技术、畜禽粪污资源化利用技术等环保措施。通过发展生态农业、循环农业等模式，实现农业生产与生态环境的和谐共生，推动农村生态环境的持续改善。

（三）示范带动作用的深层机制

诸城模式的成功实践离不开政策的引导和支持。诸城市通过制定一系列政策措施，为农技推广提供了有力保障。周边地区可以借鉴诸城的做法，加强政策研究和制定工作，为农技推广提供政策支持和制度保障。同时，注重机制创新和实践探索，结合本地实际创新农技推广模式和方法，提高农技推广的针对性和实效性。

诸城模式注重科技支撑和人才培养在农技推广中的重要作用。诸城市通过加强与科研院所、高校等机构的合作与交流，引进和培育了一批高素质的科技人才和推广队伍。周边地区可以学习诸城的经验，加强科技支撑和人才培养力度，提高农技推广的科技含量和服务水平。同时，注重培养本地化的农技推广人才和农民科技示范户，发挥他们在农技推广中的示范带动作用。

诸城模式强调社会参与和多方协同在农技推广中的重要性。诸城市通过政府引导、市场运作、社会参与等方式，形成了多方协同推进农技推广的良好局面。周边地区可以借鉴诸城的做法，加强政府、企业、社会组织、农民等多元主体的沟通与协作，形成合力共同推动农技推广事业的发展。同时，注重发挥市场机制的作用，引导社会资本投入农技推广领域，提高农技推广的可持续性和市场竞争力。

四、新型农技推广诸城模式可复制性与推广价值的评估

诸城市作为山东省乃至全国农业技术推广的先锋，其探索出的新型农技推广模式不仅在当地取得了显著成效，还展现出了较高的可复制性与广泛的推广价值。

（一）新型农技推广诸城模式特点概述

新型农技推广诸城模式是在传统农技推广基础上，结合诸城实际，通过政府主导、多方参与、资源整合、机制创新等方式，形成的一套高效、精准、可持续的农技推广体系。该模式具有以下显著特点：

政府主导与多方参与：政府在该模式中发挥主导作用，制定政策、规划布局、投入资金，并引导企业、科研机构、社会组织等多方力量共同参与农技推广。

资源整合与优化配置：诸城市充分利用现有资源，通过整合农业技术、人才、资金、信息等要素，实现资源的优化配置和高效利用。

机制创新与模式探索：该模式在推广过程中不断探索创新，形成了多种有效的推广机制和服务模式，如“公司＋农户”“科技小院”等，提高了农技推广的针对性和实效性。

注重实效与可持续发展：诸城市注重农技推广的实际效果，通过培训农民、示范带动、品牌建设等措施，提高农民的技术水平和生产效益，同时注重生态环境的保护和农业的可持续发展。

（二）新型农技推广诸城模式的成功要素

政府在该模式中发挥了不可替代的作用，通过制定政策、投入资金、协调各方力量等措施，为农技推广提供了有力保障。诸城市建立了覆盖全市的农技推广网络，包括各级农技推广机构、科技小院、农业合作社等，形成了上下联动、左右协同的推广格局。

该模式在推广过程中形成了多种高效的运行机制，如产学研结合机制、利益联结机制、考核激励机制等，确保了农技推广的顺利进行和取得实效。农民是农技推广的直接受益者，也是推广工作的主要参与者。诸城市通过培训农民、示范带动等措施，激发了农民参与农技推广的积极性和创造性。

（三）新型农技推广诸城模式的可复制性评估

同地区在推动农业现代化过程中，面临着相似的政策环境和制度约束。诸城模式的成功经验，可以为其他地区提供政策制定和实施方面的参考。虽然各地区在资源禀赋上存在差异，但农业技术推广所需的基本资源如技术、人才、资金等，在大多数地区都是可获得的。诸城模式在资源整合和优化配置方面的经验，对其他地区具有借鉴

意义。

诸城模式在推广过程中形成的多种有效机制，如产学研结合机制、利益联结机制等，具有普遍的适用性和可移植性。其他地区可以根据自身实际情况，借鉴这些机制并加以创新应用。农民对先进农业技术的需求是普遍存在的。诸城模式在满足农民需求、提高农民技术水平和生产效益方面的成功经验，对其他地区同样具有启示意义。

然而，需要注意的是，新型农技推广诸城模式的可复制性并非绝对的。不同地区在自然环境、经济条件、社会文化等方面存在差异，因此在复制推广过程中需要结合本地实际进行适当调整和创新。

（四）新型农技推广诸城模式的推广价值

该模式通过推广先进农业技术和管理模式，提高了农业生产效率和产品质量，增加了农民收入。这对于推动农业现代化、实现乡村振兴具有重要意义。诸城模式注重生态环境的保护和农业的可持续发展，通过推广环保技术和措施，减少了农业生产对环境的污染和破坏。这对于促进农业绿色发展、建设生态文明社会具有积极作用。

该模式在推广过程中形成了多种有效的服务模式和机制，提高了农技推广的针对性和实效性。这对于提升全国农技推广服务水平、推动农业科技进步具有重要意义。诸城模式的成功经验为其他地区提供了可借鉴的模板和参考。通过复制推广诸城模式，其他地区可以少走弯路、快速推进农业技术推广工作。

第二节　新型农技推广体系创新的立足点

路径依赖，又译为路径依赖性，是指人们一旦选择了某个体制，由于规模经济、学习效应，协调效应以及适应性预期等因素的存在，会导致该体制沿着既定的方向不断得以自我强化。诺贝尔经济学奖得主道格拉斯·诺斯用路径依赖理论成功地阐述了经济制度的演进，认为“路径依赖”类似于物理学中的惯性，事物一旦进入某一路径，就可能对这种路径产生依赖。这是由于经济生活与物理世界一样，存在着报酬递增和自我强化的机制。这种机制导致人们一旦选择走上某一路径，就会在以后的发展中得到不断地自我强化。

浙江大学和湖州市市校合作共建社会主义新农村、共建生态文明先行示范区，已经达到了既定的目标，也取得了很大的成绩，得到了中央、省有关部门的高度肯定。“1+1+N”新型湖州农技推广模式创新必须回答或考虑两个问题：为何改、如何改。

“为何改”体现了问题导向、需求导向。在当前“1+1+N”新型湖州农技推广模式创新最大的问题导向就是，如何在湖州高水平全面建成小康社会进程中“补农业短板”。“如何改”体现了路径选择、价值追求。“1+1+N”新型湖州农技推广模式创新的着力点应该立足于以下三个路径。

一、湖州高水平全面建成小康社会的“三农短板”分析

补短板是以习近平同志为核心的党中央治国理政思想的重要内容和推动事业发展的重要方法。对于浙江来说，补短板亦是“八八战略”的题中应有之义，是高水平全面建成小康社会的发力点。

2016年1月，浙江省农村工作会议明确指出，目前我省“三农”工作中的八大短板主要包括：农业比较效益的“竞争短板”，“谁来种地”的“人才短板”，农业产业链短、附加值低的“产业短板”，村庄建设的“规划短板”，村庄基础设施的“运维短板”，历史文化村落的“保护短板”，农村产权的“交易短板”和乡村治理的“自治短板”。

习近平总书记在2013年12月中央农村工作会议上提到“小康不小康，关键看老乡”；“中国要强，农业必须强”；“中国要美，农村必须美”；“中国要富，农民必须富”，这四句话实际上涵盖了我们下一步全面建成小康的最核心任务，这也凸显了农民、农业和农村是整个建成小康社会过程当中的一个短板。这四句话也为湖州高水平全面建成小康社会补“三农”短板指明了发展方向。

《湖州市国民经济和社会发展第十三个五年规划纲要》提出，坚持以创新、协调、绿色、开放、共享的新发展理念引领赶超发展的总要求。2016年5月，中共湖州市委七届十次全会通过了《中共湖州市委补短板的实施意见》。“十三五”时期是湖州高水平全面建成小康社会的决定性阶段，湖州率先基本实现农业现代化之后，“三农”工作下一步怎么走？如何深化？尽管湖州的“三农”工作取得了长足的发展，但仍然面临着短板问题，如农业比较效益短板、农村人才短板、农村规划短板、农业产业短板、农村运维短板等，如何让农村的老百姓快速奔小康是湖州成为迈入高水平全面建成小康社会标杆城市的关键。“1+1+N”农推联盟下一步关键在于如何围绕“三农”短板，再创新成绩。

二、农业供给侧结构性改革

2015年12月24日至25日召开的中央农村工作会议，从农业供给侧角度出发为破解我国农业发展中的矛盾与挑战开出了“药方”。2016年1月，中共中央、国务院在一号文件《关于落实发展新理念加快农业现代化 实现全面小康目标的若干意见》中指出，用发展新理念破解“三农”新难题，厚植农业农村发展优势，加大创新驱动力度，推进农业供给侧结构性改革。推进农业供给侧结构性改革涉及生产力调整和生产关系变革，当前要突出抓好调结构、提品质、促融合、降成本、去库存、补短板六项重点任务。当前，农业仍然是“四化同步”的短腿，农业改革的重点是供给侧结构性改革，难点也在供给侧。2016年3月8日，习近平总书记在参加第二届全国人大四次会议湖南代表团审议时指出：

“推进农业供给侧结构性改革，提高农业综合效益和竞争力，是当前和今后一个时期我国农业政策改革和完善的主要方向。”

2016 年 4 月 25 日，习近平总书记在我国农村改革发源地安徽省凤阳县小岗村主持召开座谈会时再次强调，“解决农业农村发展面临的各种矛盾和问题的根本靠深化改革”。“三农”的供给侧改革，是个全局的问题，不仅仅是农业产业结构调整的问题，更是制度供给创新的问题，“三农”供给侧改革涉及制度、资本、人力资源、科技等要素的有效供给和优化配置。科技创新和技术进步无疑是“三农”供给侧改革的一个重要方面，“1+1+N”产学研联盟围绕湖州，三农”供给侧改革，找准了着力点、发力点。

三、创新驱动发展战略

党的十八大以来，习近平总书记把创新摆在国家发展全局的核心位置，高度重视科技创新，提出一系列新思想、新论断、新要求。

2013 年 9 月 30 日，习近平总书记在十八届中央政治局第九次集体学习时强调指出，实施创新驱动发展战略决定着中华民族的前途命运。没有强大的科技，“两个翻番”和“两个一百年”的奋斗目标难以顺利达成，“中国梦”这篇大文章难以顺利写下去，我国也难以从大国走向强国。全党全社会都要充分认识科技创新的巨大作用，把创新驱动发展作为面向未来的一项重大战略，常抓不懈。

2016 年 5 月 30 日，习近平总书记在全国科技创新大会、两院院士大会、中国科协第九次全国代表大会上提出了科技创新“三个面向”。习近平总书记指出，实现中华民族伟大复兴中国梦，必须坚持走中国特色自主创新道路，面向世界科技前沿、面向经济主战场、面向国家重大需求，加快各领域科技创新，掌握全球科技竞争先机。2016 年 6 月 3 日，习近平总书记在参观国家“十二五”科技创新成就展时又强调，新形势下，全国广大科技工作者要响应党中央号召，坚定信心，坚韧不拔，坚持不懈，把科技创新摆在更加重要的位置，实施好创新驱动发展战略，继续在加快推进创新型国家建设、世界科技强国建设的历史进程中建功立业，努力为实现“两个一百年”奋斗目标、实现中华民族伟大复兴中国梦做出新的更大的贡献。

中共中央、国务院印发的《国家创新驱动发展战略纲要》提出了我国到 2020 年进入创新型国家行列、到 2030 年跻身创新型国家前列、到 2050 年建成世界科技创新强国的“三步走”目标。

习近平总书记关于科技创新“三个面向”的重要论断，既是当前我国科技发展的根本着眼点，也是科技助推实现中华民族伟大复兴中国梦的战略基点。“三个面向”也为下一阶段农业科技研发与推广体系创新指明了方向。

“1+1+N”新型湖州农技推广模式创新，必须紧紧围绕湖州高水平全面建成小康社会、农业供给侧结构性改革和国家创新驱动发展战略这三个目标，在继续深化农技推广模式，进一步完善产业联盟市校合作的长效机制建设，提高产业联盟管理能效等方面提高创新力度。

第三节　新型农技推广模式创新路径的选择

农业供给侧结构性改革背景下的“1+1+N”农业科技研发与推广体系创新的总体目标是：以国家创新驱动发展战略为指引，紧紧围绕农业供给侧结构性改革大背景，以国家生态文明先行示范区和生态循环农业试点市建设为目标，进一步深化“1+N”农技研发和推广模式创新，市点力争在科研攻关、成果转化及技术服务上实现“三个突破”，在主导产业、经营主体、规模基地方面做到三个提升，联盟工作要与特色小镇建设、美丽乡村建设、休闲农业发展做到“三个融合”。面向国家经济形势下农业发展的宏观目标，并结合湖州实践，解决农业技术推广的共性关键问题，从而促进“1+1+N”模式在全省推广，在全国产生大的影响力。

一、继续深化农技研发推广体系顶层设计

持续推进现代农业产学研联盟工作，紧紧抓住农业发展动力转换、模式更迭、技术更新的有利契机，进一步健全完善产学研联盟体系，以改革创新为根本动力，以合作共赢为实现途径，突出发挥科技和市场的作用，加强领导，落实保障，理顺机制，加强联络，群策群力，与时俱进，丰富内涵。

（一）牢固树立服务本地理念，着眼现代农业产业链

深化农业科技研发与推广体系顶层设计，必须从服务本地、从现代农业产业链和市场导向出发，抓住湖州现代农业问题的关键点。

深化农业科技研发与推广体系顶层设计，要树立“三本”意识。所谓“三本”，就是“服务本地产业、打造本土品牌、培育本色人才”。“服务本地产业”就是要服务本地的主导产业——坚持产业发展目录导向与市场导向的有机结合，以实现农业的经济效益、社会效益与生态效益、文化效益的统一。“打造本土品牌”就是要突出区域特色、产业特色、文化特色、科技特色，坚持科技品牌、产品品牌、产业品牌、服务品牌、信誉品牌、人才品牌和地域品牌的有机融合，实现全产业链的品牌化和全价值链的品牌效应。“培育本色人才”就是要突出大众创业、万众创新——坚持人才培育体系、人才服务机制、人才发展环境的同步推进，人才生态环境改善与人才自我实现相得益彰，实现人才竞争力和人才品牌效应的提升。

深化农业科技研发与推广体系顶层设计，必须强化“三度”思维。所谓“三度”，就是“全产业链、全价值链、全生态链”。“全产业链”思维是要从横向的角度着眼于农业多功能的开发，实现农业的接二连三、跨二进三；要从农业的特殊属性出发，实现从源头到餐桌的各个环节的信息传导、质量控制、节本降耗、价值提升。全价值链思维是要从纵向的角度着眼于农业产品从研发、生产到销售、消费和服务的全过程中创新、设计，实现各个环节的价值创造和价值提升；要着眼于从生活必需、美食营养、教育科普、休闲观光、参与体验、健康养身、心理调适、情操陶冶、文化传承的需求层次，整体策划、重点推进、特色打造，实现价值的不断增值和提升。“全生态链”思维是要坚持工业化、城市化、农业现代化、信息化和绿色化的五化同步推进、融合发展，着眼于环境友好型和资源节约型社会打造，牢固树立绿色生态新理念、研发推广绿色生态新技术、创新运用绿色生态新模式、倡导普及绿色生态新消费、塑造提炼绿色生态新文化，实现绿色产业和生态价值全融合、全覆盖。

深化农业科技研发与推广体系顶层设计，必须加快推进“三重”转型。所谓“三重”，就是“参与主体、服务内容、功能实现”。参与主体从个体参与到团队参与的转型，就是要坚持市场导向，着眼于产业竞争力和综合效益提升，由专家教授个体为主的技术成果转化和产业化，转变为专家教授领衔的团队对全产业链和产业集群提供的科技、人才和智力支撑。“服务内容”从单一性到系统性的转型，就是要保持全局的视野、系统的思维，着眼于五化同步推进、融合发展，由技术突破带动增产增效到通过经营理念转变、管理方式创新、生态文化创意、商业模式的变革，提高产品的文化、生态附加值，以及品牌价值和盈利空间，实现农业增效农民增收。“功能实现”从传统的输导型到合作创新型的转型，坚持科技是第一生产力的理念，强化企业是创新主体的意识，市场在资源配置中的决定性作用地位，着眼于要素资源的优化配置、创新活力的激发和效率的提升，由单向度的技术输出、技能辅导、成果转化到产学研的一体化、技术创新与产业发展有机融合、科技引领与市场活力相互交融，实现互惠互利、合作共赢。

（二）制定农推联盟发展规划，实现农推联盟制度化

“1+1+N”农技推广体系作为浙江大学和湖州市市校合作一种重要创新模式，一个重要品牌，有必要在全省、全国进行更多的试点与推广，这需要制定科学的发展规划。

农推体系发展规划应该遵循以下几个基本原则：

1. 前瞻性。前瞻性表现在应该能够预见到未来若干年内整个国际、整个国家经济社会发展的方向，尤其是要瞄准农业现代化、高水平全面建成小康社会中的农业科技前沿问题。前瞻性还表现在进一步适应“互联网＋农业”背景下，农技推广方式、推广手段的创新。

2. 适应性。要依据湖州市国民经济和社会发展第十三个五年规划纲要和湖州农业现

代化发展实际水平，循序渐进，设置各阶段的目标。各县区应该根据本地区经济社会发展的总体情况，在本地国民经济和社会发展规划纲要的基础上，制定符合本地区实际的农技推广合作规划，使得产学研农技推广发展规划真正“落地”。

3. 导向性。导向性表现在应该通过产学研农技推广发展规划引导本地农业现代化的方向。生态高效农业、休闲农业无疑是现代农业产业转型升级的大趋势，产学研联盟要紧紧围绕这一大趋势，创新农业技术的研发和推广。

“1+1+N”农技推广体系也需要有个五年乃至更长时间的发展规划，以法规的形式由合作双方共同制定，“一张蓝图绘到底”，“一任接着一任干”，以保证政策的连续性。

（三）发挥市场配置作用，坚持农技推广改革“两手论”

经济体制改革的过程是一个最有效的配置资源的过程，对资源进行配置主要有两种：政府和市场。习近平总书记形象地将这两种力量称为“看得见的手”和“看不见的手”，并对它们之间的辩证关系做过多次深刻论述。2016 年 3 月 5 日，习近平总书记在参加全国“两会”上海代表团审议时再次指出：“深化经济体制改革，核心是处理好政府和市场关系，使市场在资源配置中起决定性作用和更好发挥政府作用。这就要讲辩证法、两点论，‘看不见的手’和‘看得见的手’都要用好。”

“看不见的手”原先是亚当·斯密在《国富论》中对“自然秩序”规律所做的比喻，而现在，“看不见的手”主要指的是市场之力。党的十八届三中全会提出要全面深化改革，明确了要发挥市场在要素配置中的决定性作用。尽管市场配置资源存在着过度竞争后平衡、外部不经济以及过于偏重“效率”等配置失效的问题，但是市场在灵敏反映市场信号、激发市场主体动力、推进技术进步等方面的作用是无法替代的。在发挥市场决定性作用的同时，也要防止“市场不经济，当市场失灵时，就需要使用“看得见的手”，即政府之力。

农推体制改革需要明确的是，哪些属于公共产品，哪些属于非公共产品；正确处理公益性推广与非公益性推广；政府职能是承担和提供公共产品供给，制定农技推广规划、政策，利用机制创新、体制架构来确保公共产品和公共服务的满足。从政府推动型的农推体系逐渐向市场需求推动型转变，才能比市场真正成为配置创新资源的决定性力量，让农技推广平台、农村经营主体成为科技创新的主体。

二、不断强化产学研联盟自身建设

（一）加强产业联盟协同创新，完善产学研联盟长效机制

协同创新、跨界融合是产业联盟今后发展的一个趋势。今后“1+1+N”农技推广体系必须加强主导产业联盟之间的协作。从大农业的视野，农业各个产业之间的发展是紧

密联系的，各产业联盟之间要加强协同创新，重点力争在科研攻关、成果转化及技术服务上实现“三个突破”。如水果产业联盟、花卉苗木联盟下一阶段可以联合休闲观光农业产业联盟，共同推动主导产业联盟的发展。

同时，要进一步完善“1+1+N”农技推广体系的组织架构，理顺市、县区主导产业联盟之间的关系。农业技术推广服务重心不断下移，充分发挥县区产业联盟的积极性，进一步强化本地农技专家组在现代农业产学研联盟中的作用，夯实重点乡镇农业公共服务平台，优化产业联盟发展的生态环境，发展县域产业、凸显地方特色、打造区域品牌。市级产业联盟要及时发现和总结县区产业联盟的好做法、好经验，特别是在农业新品种、新技术、新模式的引进、转化、示范、推广方面的典型，在全市面上组织推广；对县区产业分联盟在推广服务中遇到的共性问题要开展集体会诊、组织联合攻关。

包容、开放是“1+1+N”农技推广体系的生命力所在。今后“1+1+N”农技推广体系要形成紧密型的合作利益共同体，要加强高校院所专家团队、本地农技专家组与服务经营主体之间的联系，三者之间联系要更加紧密，形成可持续的内生动力机制。农推体制改革的动力机制包括科技、市场、政府三个维度。科技是第一生产力，是创新之源。农推体系创新的核心是科技。科技的进步源于人类“求知”的欲望、“解惑”的需要、“精技”的追求。科技成果在转化中显现其社会价值，科技工作者通过社会价值而成就自我实现。市场主体即创新主体。市场竞争的核心是科技的竞争，市场主体只有拥有核心技术、知识产权，站在科技发展的前沿，才能在激烈的市场竞争中赢得先机，立于不败之地。遵循市场规律，才能实现要素配置的优化，才能提高要素配置的效率。政府运用规划、政策的杠杆，监管和服务的职能，顶层设计助推体制机制创新，克服“市场不经济”，为科技创新、科技成果转化运用营造良好的社会生态环境。

在完善农技推广体系长效机制方面，继续推进农业技术入股、农业科技创新团队和产业研究院三项工作。农业技术入股的重点是“在打开缺口的基础上取得更大突破”，实现入股形式多样化、入股主体多元化，全力推进农业技术成果评估体系和评估机构建设，着力完善权利与义务对等、收益与风险共担的利益联结机制，着力构建起一套符合改革精神、吻合分配原则、体现农推特色的收入分配制度。农业科技创新团队培育的重点是紧扣产业发展中的关键点、突出技术创新，培育一批具有知识产权，在国内、省内领先的新品种、新技术、新模式，打响“南太湖”品牌，发挥品牌的影响力、感召力、集聚力，适应产业融合发展新趋势，跨产业联盟配置要素，实现“多兵种协同”促进全产业链发展，形成产业集群发展新格局。主导产业研究院的市：点是围绕 4231 主导产业发展规划，探索主导产业研究院多元化建设模式，加快推进特色主导产业研究院建设，搭建大平台，引进高端人才，瞄准产业前沿，引领产业发展，提升核心竞争力，实现经济、社会、生态效益的有机统一，不断提高现代农业发展水平。

（二）创新联盟组织模式，提高产业联盟管理能效

若把新型农技推广体系当作一个组织，如何创新组织模式成为农技推广体系可持续发展的关键所在。

第一，解决南太湖农推中心和现代农业产学研联盟“定位”问题。现在浙江大学南太湖现代农业科技推广中心具有独立的法人资格，是现代农业产学研联盟理事会的日常办事机构，但在实际运行过程中还存在着许多困难，如无论是浙江大学专家还是本地农技专家都有原单位，南太湖农推中心在事、权、人、财等方面仍然要受制于专家管理单位。另外，农技推广逐渐向市场需求导向转型时如何处理公益性和非公益性之间的关系，这些问题都会制约组织创新。

第二，探索共享经济组织管理模式。共享经济时代一大特征就是要素资源共享，而组织结构呈现开放式、扁平化、网络化，得到不断优化。美国硅谷成功的关键在于区域内的企业、大学、研究机构、行业协会等形成了扁平化和自治型的“联合创新网络”，使来自全球各地的创新创业者到此能够以较低的创新成本，获取较高的创新价值。在自身建设中，一是如何做到资源共享；二是如何做到知识引进，这是今后产学研联盟和南太湖农推中心组织建设中要重视的问题。产学研联盟今后要成为一个创新、活力、联动、包容“四位一体”的组织，吸纳国内外行业专家，吸纳农业经营管理人才、农产品营销人才，注重建设联盟“微笑曲线”的市场端。

第三，完善目标管理、绩效评估、考核激励“三项”机制。目标管理就是要坚持以目标为导向、以人为中心、以成果为标准，强化层级之间的相互协商，围绕联盟的宗旨，层层分解目标，并把这里目标作为组织运行、评估和考核奖励参与者主体贡献的标准，实现对参与者积极性的充分调动，变外在的指导性目标为主体追求自身价值实现的内生动力，这里的关键是岗位分析基础上的个性化目标的分解，以及体现公正、公平的统一标准制定。绩效评估要坚持从实际出发，定量与定性相结合，准确把握绩效考评的度；明确评估对象在评估体系中的参与界限，让评估对象参与评估制度的制定，了解评估标准、评估内容、评估形式、评估结果的运用。要科学设计绩效考评指标、合理确定绩效考评周期、分层设定绩效考评维度、清晰界定绩效考评重点、认真组织绩效考评面谈、修正完善绩效考评方法、不断营造绩效考评氛围，变被动迎考为主动参考，变参考过程为不断完善自己、提升自我的过程。考核激励要坚持传递正能量，明确考评与激励之间的关系。建立和完善多元激励机制，善于运用手中现有资源，开发劳动力的增长点，如完善精神奖励、福利以及培训、外出学习等各种鼓励措施，最大限度地增加工作动力，调动工作积极性、主动性和创造性。考核标准要与时俱进，不拘泥于细节，具有操作性，使考核结果更具有说服力和带动性。

（三）拓展产学研联盟服务功能，激发联盟活力

现代农业产学研联盟下一阶段集中在服务主导产业、扩大经营主体、提质规模基地方面做到“三个提升”，巩固成果，健全机制，不断激发产业联盟服务活力。

健全现代农业产学研联盟联系基地服务机制，强化产业联盟核心基地建设，尤其要把家庭农场、种养大户纳入核心示范基地建设中，把提升核心示范基地组织化程度、培育核心示范基地自主创新能力作为重点。

集聚生态循环农业、休闲农业，以技术创新为引领，共性关键技术攻克为目标，进一步完善技术入股、农业科技创新团队、主导产业研究院建设，努力在新品种、新模式、新技术上有所新突破，努力在主导产业转型升级上发力。

进一步完善产学研联盟与基层农业公共服务中心的对接会商机制，努力促进产业联盟服务与基层农业公共服务互促共进、融合发展。

充分发挥智库作用，南太湖农推中心和产学研联盟要围绕湖州今后一个时期的必要任务，如“五水共治”“美丽湖州”等，加强对湖州现代农业产业的宏观研究，主动为湖州市委、市政府决策献计献策。产学研联盟要继续探索培养新型职业农民的方法和手段，拓宽产学研联盟的服务功能。

三、以构建现代农业三大体系为抓手

“十三五”期间，农业科技研发与推广体系创新要围绕农业供给侧结构性改革这一目标，补齐农业科技短板，要以构建现代农业产业体系、生产体系、经营体系为抓手，加快推进农业现代化全面实现。现代农业三大体系，是指农业产业体系、农业生产体系和农业经营体系。

（一）围绕农业供给侧改革，加快培育新“六产”

习近平总书记在中共中央政治局第二十二次集中学习中强调指出，要加快建立现代农业产业体系，延伸农业产业链、价值链，促进一、二、三产业交叉融合。现代农业产业体系，是产业横向拓展和纵向延伸的有机统一，重点解决农业资源要素配置和农产品供给效率问题。产学研联盟要充分发挥农业科技研发创新优势，以市场需求为导向，聚焦湖州现代农业产业结构调整，重点加强生态循环农业、休闲农业研发力度，引导产业联盟重点向农产品加工、休闲农业和农产品流通发展，为湖州构建现代农业产业体系，实现农村一、二、三产业融合发展做出贡献。

（二）围绕农业全产业链，提高“三率”

现代农业生产体系是先进生产手段和生产技术的有机结合，重点解决农业的发展动力和生产效率问题。

产学研联盟要继续围绕湖州智慧农业，提高农业信息化水平。用现代设施、装备、技术手段武装农业，发展绿色生产，提高农业良种化、机械化、科技化、信息化水平。

结合现代农业“两区”建设，农业科技加快实现从偏重土地产出率向土地产出率、劳动生产率和资源利用率相结合，并更加注重资源利用率转变；从偏重产中研究向产地、产中和产品质量安全及产后储运加工的全过程覆盖研究转变。

（三）围绕“两创战略”，解决“谁来种地”问题

2015 年和 2016 年的中央一号文件分别提出，加快构建新型农业经营体系、加快形成培育新型农业经营主体的政策体系。“谁来种地”和“谁来建设新农村”，一直是全社会关注的问题。

“十三五”时期，农业科技发展要立足国情农情，抓住国家实施创新驱动发展战略和推进“大众创业、万众创新”的重大机遇，贯彻落实中央科技管理改革的战略部署，调整农业科技发展的方向重点，着力提升农业科技创新效率。

现代农业产学研联盟在总结过去的经验基础上，要持续创新新型农业经营主体和新型职业农民培育路径，积极协助湖州农民学院做大做强农民培训。下一步核心示范基地建设应该把重心放在家庭农场上，发展农业生产性服务业，解决“谁来种地”和经营效益不高问题。

四、聚焦高水平全面建成小康社会的迫切问题

“十三五”时期，是湖州高水平全面建成小康社会的关键时期。“1+1+N”产学研联盟下一阶段的工作就是要围绕湖州迫切需要解决的农业短板，找准发力点。南太湖农推中心和产学研联盟工作要与湖州特色小镇建设、美丽乡村建设、休闲农业发展做到“三个融合”。

（一）在农业特色小镇建设上寻找着力点

农业特色小镇是农业三产深度整合的路径。农业产业转型升级，延长农业产业链、价值链，促进一、二、三产业交叉融合，“第六产业”将成为现代农业新的增长点。农业特色小镇是推进供给侧结构性改革和城乡一体化的有效路径，有利于加快创新要素向农村集聚、农业产业转型升级和历史文化传承，是湖州率先基本实现农业现代化后，“十三五”期间高水平全面建成小康社会，深化美丽乡村建设的一个重要抓手。

“1+1+N”产学研联盟要在推进湖州农业特色小镇建设过程中寻找着力点，可以从农业特色产业入手，围绕湖州市特种水产、蔬菜、茶叶、水果、畜牧、竹笋、花卉苗木、休闲农业等特色优势产业和农业文化遗存，主攻最有基础、最有优势的农业特色产业；可以从农业“两区”入手，在建设“粮食生产功能区”和“现代农业园区”基础上，打

造“农业产业集聚区”和“现代特色农业强镇”，以集聚和特色推动农业转型升级。

（二）在美丽乡村建设上寻找发力点

“十三五”时期，是湖州市打造美丽乡村升级版的关键时期。在湖州市美丽乡村建设“十三五”规划中明确指出，到2020年底，60%的县区建成省美丽乡村示范县区，70%的乡镇建成市级美丽乡村示范乡镇，100%的宜建村建成市级美丽乡村，保障湖州市美丽乡村建设继续走在全国全省前列，为加快建设现代化生态型滨湖大城市、高水平全面建成小康社会奠定坚实基础。

围绕农业主导产业，加强研发与推广。按照“稳定粮油、提升蚕桑，优化畜禽、做强水产，做特果蔬、壮大林茶，发展生产、富裕农民”的要求，着力提升农业八大主导产业，加快产业转型。围绕农村经营主体，加大现代农业经营主体培育、发展、壮大力度，加快培育领军人才，大力培育新型职业农民，加大农村实用人才培训力度。强化发展支撑，加大种子、种苗工程实施力度，加强湖羊、龟鳖、龙虾、桑蚕、向茶等地方特色品种的保护、开发和利用，加强新品种选育示范和传统优势品种改良，加快形成一批具有本地特色、技术领先的新品种。

围绕休闲农业，以推进国家级旅游业改革创新先行区建设为契机，参与建设一批综合型的休闲观光、乡村旅游、森林生态休闲养生项目，把现有的核心示范基地努力建成地域布局合理、产业特征明显、服务功能齐全的示范性休闲农业集聚区。大力促进文化创意、修身养性、教育体验等要素与农业生产的深度融合，创新、挖掘农耕文化，推动农耕文化遗产合理利用，建设一批以“渔桑文化、鲜果节庆、茶香古韵、太湖渔鲜、湖羊文化、竹海诗意”等为主题的农业特色小镇和森林特色小镇。大力促进美丽乡村创建成果与农业生产的深度融合，培育和提升农家乐休闲旅游业等农村新型业态，让更多“绿水青山”变成“金山银山”。

现代农业产学研联盟要面向新常态下国家现代农业发展的宏观目标，并结合湖州实践，切实解决湖州现代农业发展中的关键问题，只有这样，市校合作的农业产学研联盟才有生命力，才能持久。

五、探索“互联网+”农技推广新模式

精准性和交互性是互联网传播的两大优势，也正是当前农技推广体系的两大痛点。

“十三五”期间，农技推广体系创新面临着许多新的挑战，当今社会已进入大数据时代，数据的无处不在和数据魔力的充分体现，决定了在未来资源的数据化和数据资源的拥有、利用将成为决定发展速度、竞争成败的最大资源，是赢得发展和竞争优势的基础和先机；互联网技术的发展带来的不仅是信息交流的便捷，互联网在经济社会中的广泛渗透、融合，带来的是一种思维方式的根本性变革，这种变革带来经营方式和治理模

式的革命，我们面临的是融和系统，是控制和综合协调对选择决策的取代，是理念的更新和方法的创新。

农技推广方式必须创新，必须拥抱“互联网+”。

（一）启动和实施线上农推网络建设

运用计算机、互联网和智能控制技术，实现农业技术推广与推动智慧农业发展统一规划、统一布局、统一实施，把精准农业生产控制技术与农业标准化生产规范及疫病防控系统，纳入智能化控制模块；设计开发智能化控制系统的自学习、自组织功能，形成智能化专家控制系统；同时，辅之以远程专家诊断、会商、互动学习交流，构建网络农推服务系统；充分运用农技推广网络平台，提高农推服务的便捷性、时效性。提高农推服务的覆盖面和个性化服务需求的满足率。

加强南太湖农推中心网站建设，逐步形成集联盟工作管理平台、工作和科技信息发布平台、技术和经验学习交流平台、农业服务在线交易等于一体的综合性服务平台。要借助网络农推大联盟的建设，进一步扩大湖州影响，服务更大范围的农业生产，在农推体制创新上继续领跑全省、全国。

利用移动互联网农技推广服务平台，纵向传播科研推广体系的“处方”，横向传播农民生产实践中摸索的“土方”，将为破解农技服务“最后一公里”难题提供有效解决方案。

（二）完善农业农村大数据

造成农技推广“最后一公里”的最大痛点，就是信息缺失和信息不对称。涉农数据建设，是当前农技推广体系建设和全产业链共性关键问题，也是农业供给侧结构性改革关键问题，应该着力破解。

2015 年 9 月，国务院印发了《促进大数据发展行动纲要》（以下简称《纲要》）。《纲要》指出，信息技术与经济社会的交汇融合引发数据迅猛增长，数据已成为国家基础性战略资源。坚持创新驱动发展，加快大数据部署，深化大数据应用，已成为稳增民、促改革、调结构、惠民生和推动政府治理能力现代化的内在需要和必然选择。

《纲要》对发展农业农村大数据提出了具体要求：构建面向农业农村的综合信息服务体系，为农民生产生活提供综合、高效、便捷的信息服务，缩小城乡数字鸿沟，促进城乡发展一体化。加强农业农村经济大数据建设，完善村、县相关数据采集、传输、共享基础设施，建立农业农村数据采集、运算、应用、服务体系，强化农村生态环境治理，增强乡村社会治理能力。统筹国内国际农业数据资源，强化农业资源要素数据的集聚利用，提升预测预警能力。整合构建国家涉农大数据中心，推进各地区、各行业、各领域涉农数据资源的共享开放，加强数据资源发掘运用。加快农业大数据关键技术研发，加大示范力度，提高生产智能化、经营网络化、管理高效化、服务便捷化能力和水平。

结合正在开展的国家科技基础条件平台建设，建立产学研农技推广公共信息平台，为产学研各方提供及时、全面、权威的信息服务农业企业可随时发布技术和人才需求信息，高校和科研院所也可公布所拥有的农业科研成果、仪器设备、人才等科技资源，政府相关部门定期发布可公开的成果，并对平台上的有关信息进行审核。针对产学研农技推广各环节的需要，引进或建设若干个专用数据库，并建立“产学研农技推广信息资源支持系统”，从根本上解决长期以来存在的产学研农技推广信息资源严重不足的问题。

（三）鼓励农技专家成“科技网红”

在新浪微博，有这么一位“网红”，发了 7 条微博，就有 392 万个粉丝，这就是世界顶级科学家霍金。当然，我国大多数农技研发与推广专家并不是像霍金这样能与宇宙对话的牛人，而且大多数农技专家只埋头研发和推广，但这不妨碍他们成为农技推广领域里的“科技网红。”通俗地说，“网红”就是网络红人，如果撇开娱乐性、炒作性、商业性，从中性立场上看，“网红”就是移动互联网时代一个重要的社会现象，是对某一有着共同诉求的价值的认同。

全国科技创新大会、两院院士大会、中国科协第九次全国代表大会上，习近平总书记强调指出，建设世界科技强国，关键是要建设一支规模宏大、结构合理、素质优良的创新人才队伍。“功以才成，业由才广”，人才是创新的根基，是创新的核心要素。“1+1+N”新型农技推广模式之所以能创新，关键还在于拥有一支“不忘初心、继续前行”的农技专家队伍，从某种意义上讲，现代农业产学研联盟高校院所专家和本地农技专家，都是现代农业某一领域里的“网红”。被前浙江省委书记夏宝龙亲切称为“蹲在田里像农民，站在讲台是教授”的农技专家，对于湖州许多农业经营主体来说，他们就是“网红”，同样拥有众多粉丝。他们具有“网红”的基本特点：

第一，在现代农业某一领域都有相当大的影响力；

第二，都有固定的粉丝群体。

科学家如果变身“网红”将大力倡导崇尚科学、崇尚正能量的良好风气。

如果我们的农技推广专家都成了“网红”，如果他们的科研成果都成了“网红”，那么必将进一步推动“1+1+N”新型农技推广模式在全国的影响力。

十年市校携手创新农技推广的历程，十年市校合作的持续，十年市校共建的深化和提升，创新始终是唯一的主题。未来的产学研联盟也只有在不断创新中才能保持持续的竞争力。创新不是简单的否定，质变不是对过去的抛弃，发展需要解决历史遗留的问题。构筑新型农业技术研发与推广体系的过程，也是传统农技服务体系的蜕变过程，是对旧体制的突破，是一个破茧成蝶的过程。党的十八届三中全会关于全面深化改革的决定，为未来农业科研技术推广体制机制创新指明了路径，那就是：“必须积极稳妥从广度和深度上推进市场化改革，大幅度减少政府对资源的直接配置，推动资源配置依据市场规则、市场价格、市场竞争实现效益最大化和效率最优化、政府的职责和作用主要是保持宏观经济稳定，加强和优化公共服务，保障公平竞争，加强市场监管，维护市场秩序，推动可持续发展，促进共同富裕，弥补市场失灵。”在科技创新上，主要强调的是发挥市场的决定性作用，企业的主体作用，强调的是促进科技成果的资本化和产业化。

我们相信，浙江大学和湖州市战略合作只要“一任接着一任”干下去，市校合作的农业技术研发与推广体制机制创新，将不断深化和丰富。

参考文献

[1] 李巧艳 . 探索现代农业中农机化新技术推广应用的新思路 [J]. 当代农机 , 2023, (10): 53+55.

[2] 张云慧 , 张智 , 刘杰 . 病虫测报智能化研究进展 [J]. 现代农药 , 2023, 22 (05): 9-16.

[3] 龚亚芬 . 农机化技术在现代农业种植中的推广应用 [J]. 当代农机 , 2023, (06): 57+60.

[4] 王丽 . 昌乐县农业机械新技术推广在现代农业中的作用研究 [J]. 中国农机监理 , 2023, (06): 57-59.

[5] 张会波 . 现代农业信息技术在农技推广中的应用 [J]. 现代化农业 , 2023, (06): 88-90.

[6] 李军 . 现代农业中无公害优质水稻栽培技术及推广 [J]. 河北农机 , 2023, (10): 60-62.

[7] 张萍 . 吉林省基层农机技术推广适应现代农业发展的路径及措施 [J]. 农机市场 , 2023, (05): 75-76.

[8] 王尚君 . 现代农业的科技“老兵”[J]. 工会博览 , 2023, (13): 30.

[9] 胡百可 . 现代农业机械推广与应用面临的困境及对策 [J]. 农村实用技术 , 2023, (04): 113-114.

[10] 陈玲玲 . 现代农业中农业机械技术的推广作用分析 [J]. 河北农机 , 2023, (07): 55-57.

[11] 刘涛 . 现代农业中农业机械技术的推广作用分析 [J]. 河北农机 , 2023, (06): 97-99.

[12] 刘芳 . 推广绿色农业种植技术，促进现代农业可持续发展 [J]. 农业开发与装备 , 2023, (02): 49-50.

[13] 许文广 , 马少华 , 考赛尔·库都斯 . 现代农业推广的现状与策略研究——以伊犁哈萨克自治州为例 [J]. 现代农机 , 2023, (01): 60-62.

[14] 张昊 . 基于现代种植技术的大豆玉米带状复合种植模式及相关农业机械化推广研究——以甘肃省庆阳市为例 [J]. 当代农机 , 2023, (01): 25-27.

[15] 袁华 . 农业种植技术推广工作中现代信息技术的应用思考 [J]. 河北农机 , 2023,

(02): 42-44.

[16] 刘红 . 现代农业技术及新型农机具推广实践 [J]. 农业工程技术 , 2023, 43 (02): 67-68.

[17] 邵芬芬 . 现代农业技术推广存在的问题及对策 [J]. 农村实用技术 , 2023, (01): 26-27.

[18] 吴正军 . 农机技术推广与现代农业发展的相关性分析 [J]. 河北农机 , 2023, (01): 61-63.

[19] 许晓丹 . 农机技术推广与现代农业发展的相关性分析 [J]. 新农业 , 2022, (24): 88.

[20] 张丽凤 . 驰而不息初心践 科技赋能产业兴——访河北省现代农业产业技术体系蛋肉鸡创新团队保定综合试验推广站站长许利军 [J]. 北方牧业 , 2022, (24): 10-11.

[21] 李雁星 . 南宁市农业物联网技术实践应用研究 [D]. 广西大学 , 2020.

[22] 向浩 . 重庆市云阳县农业技术推广现状及对策的研究 [D]. 重庆三峡学院 , 2020.

[23] 陈曦冉 . 河南省现代农业发展中推广应用物联网的制约因素及对策研究 [D]. 河南财经政法大学 , 2019.

[24] 金鑫 . 现代蔬菜育苗与栽植技术及装备 [M]. 机械工业出版社 , 2018.

[25] 杨弯弯 . 汝州市现代农业技术推广模式研究 [D]. 浙江海洋大学 , 2018.

[26] 马川 . 农业物联网技术的应用推广研究 [D]. 西北农林科技大学 , 2016.

[27] 安森用 . 现代农业科技园区技术对接及推广模式研究 [D]. 山东农业大学 , 2015.

[28] 董晓勇 . 三维全景技术在现代农业推广中的应用研究 [D]. 西北农林科技大学 , 2015.

[29] 田建明 . 宁夏现代农业机械化重点推广技术 [M]. 宁夏人民出版社 , 2013.

[30] 李博 . 现代农业发展中农业新技术的推广应用问题研究 [D]. 湖南农业大学 , 2013.

